土建施工验收技能实战应用图解丛书

防水工程施工与验收实战应用图解

本书编委会　编

中国建筑工业出版社

图书在版编目（CIP）数据

防水工程施工与验收实战应用图解/《防水工程施工
与验收实战应用图解》编委会编. —北京：中国建筑
工业出版社，2017.7（2023.5重印）
（土建施工验收技能实战应用图解丛书）
ISBN 978-7-112-20693-3

Ⅰ.①防… Ⅱ.①防… Ⅲ.①建筑防水-工程施工-
图解②建筑防水-工程验收-图解 Ⅳ.①TU761.1-64

中国版本图书馆 CIP 数据核字（2017）第 086010 号

本书内容共 4 章，包括：地下室基础底板防水工程施工与验收；地下室外墙
防水工程施工与验收；卫生间、厨房防水工程施工与验收；屋面防水工程施工与
验收。

本书内容全面，图文并茂，适合于从事防水工程的人员使用，也可供大中专
院校相关专业师生学习使用。

责任编辑：张　磊
责任设计：李志立
责任校对：李欣慰　关　健

土建施工验收技能实战应用图解丛书
防水工程施工与验收实战应用图解
本书编委会　编
*
中国建筑工业出版社出版、发行（北京海淀三里河路 9 号）
各地新华书店、建筑书店经销
霸州市顺浩图文科技发展有限公司制版
建工社（河北）印刷有限公司印刷
*
开本：787×1092 毫米　1/16　印张：9¾　字数：233 千字
2017 年 10 月第一版　　2023 年 5 月第五次印刷
定价：**29.00** 元
ISBN 978-7-112-20693-3
（30336）

本书编委会

主　　编：赵志刚　伍昌元

副 主 编：黄　成　唐国栋　王明波　杜华东

参编人员：方　园　刘　锐　胡亚召　谭　达　邢志敏

　　　　　杨文通　时春超　张院卫　章和何　曾　雄

　　　　　陈少东　吴　闯　操岳林　黄明辉　殷广建

　　　　　李大炯　钱传彬　刘建新　刘　桐　闫　冬

　　　　　唐福钧　娄　鹏　陈德荣　周业凯　陈　曦

　　　　　艾成豫　龚　聪　唐国栋

前　言

当前建筑结构防水堵漏形势越来越严峻，建筑结构施工因防水措施不到位、防水施工工艺不当等问题，导致建筑结构渗漏水情况时有发生，一方面影响了建筑结构的使用功能，另一方面给人民的生活和生产带来了诸多的不便和困扰。为了尽量避免或减少建筑结构渗漏水情况的发生，我们组织编写了本书。

本书的编写具有如下特点：

1. 与时俱进，紧密结合现行建筑防水相关规范及标准进行编写；

2. 通俗易懂，书籍从防水施工工艺流程到防水施工准备，再到防水施工需要注意的要点和最后的防水施工验收，一步一步进行详细描述，力求体现出防水施工需要掌握的方方面面内容；

3. 图文并茂，可操作性强，书籍编写过程中插入了大量的现场防水施工实例图片，通过对防水施工实例图片的阐释，即可教会读者如何进行建筑防水施工作业。

本书适合高职高专、大中专土木工程类及相关专业学生作为学习用书使用，也适合建筑施工作业人员或施工管理人员作为施工指导用书使用。

由于各种原因，本书编写过程中难免有不妥之处，欢迎广大读者批评指正，意见及建议可发送至邮箱 bwhzj1990@163.com。

目　　录

1 地下室基础底板防水工程施工与验收 ·· 1

　1.1 地下室基础底板防水工程施工简介 ······································ 1

　1.2 地下室基础底板防水工程施工常用防水材料 ····················· 1

　1.3 地下室基础底板防水施工流程 ·· 2

　1.4 地下室基础底板防水工程施工准备 ····································· 2

　1.5 地下室基础底板防水卷材施工与验收 ································· 4

　　1.5.1 地下室基础底板防水卷材施工质量控制要点 ············· 4

　　1.5.2 地下室基础底板防水卷材施工质量验收 ···················· 9

　1.6 地下室基础底板防水涂料施工与验收 ································· 9

　　1.6.1 地下室基础底板防水涂料施工质量控制要点 ············· 9

　　1.6.2 地下室基础底板防水涂料施工质量验收 ···················· 10

　1.7 地下室基础底板后浇带防水处理 ·· 11

　　1.7.1 地下室基础底板后浇带防水施工 ······························· 11

　　1.7.2 地下室基础底板后浇带施工质量验收 ························· 14

　1.8 地下室基础桩头防水处理 ··· 16

　　1.8.1 地下室基础桩头防水施工 ··· 16

　　1.8.2 地下室基础桩头防水施工质量验收 ···························· 17

　1.9 地下室基础底板混凝土结构自防水施工 ····························· 17

　　1.9.1 地下室基础底板混凝土结构施工工艺流程 ················· 17

　　1.9.2 地下室基础底板混凝土结构自防水施工质量控制要点 ·· 17

　　1.9.3 地下室基础底板混凝土结构自防水施工质量验收 ········ 21

　1.10 地下室基础底板防水施工常见问题解析 ··························· 22

2 地下室外墙防水工程施工与验收 ·· 24

　2.1 地下室外墙防水工程施工简介 ·· 24

　2.2 地下室外墙防水等级及设防要求 ·· 24

　　2.2.1 防水等级 ·· 24

　　2.2.2 防水设防要求 ··· 24

　2.3 地下室外墙防水混凝土抗渗等级的规定 ······························ 26

　2.4 地下室外墙防水工程施工常用防水材料 ······························ 26

　2.5 地下室外墙防水工程施工准备 ·· 26

　2.6 地下室外墙防水施工流程 ··· 27

　2.7 地下室外墙混凝土结构自防水施工与验收 ··························· 27

    2.7.1　施工流程 ··· 27

    2.7.2　施工质量控制要点 ································· 27

    2.7.3　施工质量验收 ··· 33

  2.8　地下室外墙外表面防水基层处理 ················· 34

  2.9　地下室外墙外表面基层特殊部位防水处理 ·· 36

  2.10　地下室外墙防水层施工与验收 ················· 37

    2.10.1　防水施工形式 ······································· 37

    2.10.2　卷材防水层施工质量控制要点 ············ 38

    2.10.3　卷材防水层施工质量验收 ··················· 38

    2.10.4　涂料防水层施工质量控制要点 ············ 39

    2.10.5　涂料防水层施工质量验收 ··················· 39

    2.10.6　防水层施工成品保护 ··························· 39

  2.11　地下室外墙防水保护层施工与验收 ··········· 40

  2.12　地下室室外土方回填施工与验收 ··············· 41

  2.13　地下室外墙防水工程施工常见问题解析 ····· 41

3　卫生间、厨房防水工程施工与验收 ················· 43

  3.1　卫生间、厨房防水重要性 ························· 43

  3.2　卫生间、厨房聚氨酯防水涂膜防水施工 ····· 43

    3.2.1　卫生间、厨房聚氨酯防水涂膜防水施工工艺流程 ··· 43

    3.2.2　基层处理 ··· 43

    3.2.3　穿楼面管道封堵 ······································ 44

    3.2.4　涂刷基层处理剂 ······································ 44

    3.2.5　防水层施工 ··· 45

    3.2.6　防水层的蓄水试验 ································· 48

  3.3　卫生间、厨房JS防水涂料防水施工 ··········· 48

    3.3.1　卫生间、厨房JS防水涂料防水施工工艺流程 ··· 48

    3.3.2　基层清理 ··· 49

    3.3.3　细部附加层 ··· 49

    3.3.4　JS复合涂料的涂刷 ································· 49

    3.3.5　防水质量验收及闭水试验 ··················· 50

  3.4　卫生间、厨房聚乙烯丙纶复合防水卷材防水施工 ··· 52

    3.4.1　卫生间、厨房聚乙烯丙纶复合防水卷材施工工艺流程 ··· 52

    3.4.2　管根封堵 ··· 52

    3.4.3　基层清理 ··· 53

    3.4.4　卫生间聚乙烯丙纶防水质量验收 ········· 54

  3.5　卫生间、厨房氯丁橡胶沥青防水涂料施工 ··· 55

    3.5.1　卫生间、厨房氯丁橡胶沥青防水涂料施工工艺流程 ··· 55

    3.5.2　基层处理 ··· 56

　　　3.5.3　基层满刮氯丁橡胶沥青水泥腻子 ·· 56
　　　3.5.4　刷第一遍防水涂料 ··· 56
　　　3.5.5　铺贴玻璃丝布同时刷第二遍防水涂料 ·· 57
　　　3.5.6　刷第三遍防水涂料 ··· 58
　　　3.5.7　防水质量验收及闭水试验 ··· 58
　　3.6　卫生间、厨房防水细部构造及质量控制要点 ······························· 59
　　　3.6.1　卫生间、厨房防水细部构造 ··· 59
　　　3.6.2　卫生间、厨房防水质量控制要点 ··· 61
　　3.7　成品保护措施 ·· 64
　　3.8　安全防护措施 ·· 64

4　屋面防水工程施工与验收 ·· 65
　　4.1　屋面防水工程简介 ·· 65
　　　4.1.1　屋面防水工程的重要性 ··· 65
　　　4.1.2　屋面分类 ··· 65
　　4.2　屋面防水等级和设防要求 ·· 67
　　　4.2.1　屋面防水等级划分及相应设防要求 ··· 67
　　　4.2.2　屋面防水工程分类 ··· 67
　　4.3　建筑防水材料分类 ·· 67
　　　4.3.1　按材料特性分类 ··· 67
　　　4.3.2　按材料品种分类 ··· 68
　　　4.3.3　按建（构）筑物工程部位分类 ··· 69
　　　4.3.4　屋面防水工程施工前期控制要点 ··· 69
　　4.4　常用防水卷材 ·· 70
　　　4.4.1　合成高分子防水卷材 ··· 70
　　　4.4.2　高聚物改性沥青防水卷材 ··· 70
　　　4.4.3　常用防水卷材的特点 ··· 71
　　4.5　常见屋面防水找平层、保温层施工 ·· 73
　　　4.5.1　屋面找平层施工要点 ··· 73
　　　4.5.2　常见屋面找平层施工 ··· 75
　　　4.5.3　屋面找平层质量控制与验收 ··· 78
　　　4.5.4　屋面保温层施工 ··· 80
　　　4.5.5　屋面保温工程质量验收 ··· 84
　　4.6　常见屋面防水卷材施工 ·· 85
　　　4.6.1　高聚物改性沥青防水卷材施工 ··· 85
　　　4.6.2　高聚物改性沥青防水卷材冷粘法施工 ··· 97
　　　4.6.3　自粘型高聚物改性沥青防水卷材自粘法施工 ·· 101
　　　4.6.4　合成高分子防水卷材施工 ·· 102
　　　4.6.5　自粘型合成高分子防水卷材施工 ·· 105

  4.6.6 合成高分子防水卷材焊接施工 ················· 105
  4.6.7 屋面防水冬期施工 ································ 105
  4.6.8 屋面防水细部构造 ································ 107
  4.6.9 屋面卷材质量缺陷、原因及防治措施 ·········· 115
  4.6.10 屋面保护层施工 ······························ 118
 4.7 涂膜防水屋面工程 ··································· 119
  4.7.1 涂膜防水涂料 ···································· 119
  4.7.2 涂膜防水的操作方法 ···························· 120
  4.7.3 涂膜防水屋面找平层施工 ······················ 121
  4.7.4 涂膜屋面防水施工 ······························ 122
  4.7.5 聚氨酯涂膜防水层施工 ·························· 123
  4.7.6 涂膜防水保护层的施工 ·························· 127
  4.7.7 屋面涂膜防水工程质量要求和验收 ············· 128
  4.7.8 屋面涂膜防水工程质量通病与防治措施 ········· 129
 4.8 刚性防水屋面 ······································· 131
  4.8.1 刚性防水屋面作业条件 ·························· 131
  4.8.2 刚性防水屋面施工 ······························ 132
  4.8.3 刚性防水屋面质量通病与防治措施 ············· 136
 4.9 瓦屋面防水施工 ····································· 137
 4.10 常见屋面工程质量通病实例展示 ·················· 139
 4.11 屋面防水新材料和新工艺 ························· 144

1 地下室基础底板防水工程施工与验收

1.1 地下室基础底板防水工程施工简介

基础底板是地下工程结构的组成部分，直接承受着地下水压等不确定因素的影响。基础底板施工处理不好，容易导致基础底板混凝土施工冷缝、裂缝等现象的产生。为了防止地下水通过基础底板裂缝、施工冷缝等通道向结构上部渗漏水，设计单位一般会在施工图设计文件中对基础底板做专项的防水施工设计。施工单位在进行基础底板施工作业时，应严格按照施工图设计文件和相关规范标准的要求精心组织安排地下室基础底板防水工程施工作业。

1.2 地下室基础底板防水工程施工常用防水材料

地下室基础底板防水工程施工中常用的防水材料主要有防水卷材和防水涂料两种，如图 1-1、图 1-2 所示。

防水涂料应无毒、难燃、低污染，并具有良好的耐水性、耐久性、耐腐蚀性及耐菌性。无机防水涂料应具有良好的湿干粘结性和耐磨性，有机防水涂料应具有较好的延伸性及适应基层变形能力。

图 1-1　防水卷材

图 1-2　防水涂料

（1）基础底板防水施工中常用的防水卷材按表 1-1 进行分类。

防水卷材分类　　　　　　　　　　　　　　　　表 1-1

类　别	品 种 名 称
高聚物改性沥青类防水卷材	改性沥青聚乙烯胎防水卷材
	弹性体改性沥青防水卷材
	自粘聚合物改性沥青防水卷材

类　别	品种名称
合成高分子类防水卷材	三元乙丙橡胶防水卷材
	聚乙烯丙纶复合防水卷材
	高分子自粘胶膜防水卷材
	聚氯乙烯防水卷材

当施工图设计文件中明确了所选用的防水卷材的厚度时，应按设计规定进行施工；当施工图设计文件中只是明确了所用防水卷材的种类，而未明确所选用防水卷材的厚度时，施工时所选用的防水卷材厚度应符合表1-2的规定。

防水卷材厚度要求　　　　　　　　　　　　　表1-2

卷材品种	高聚物改性沥青类防水卷材			合成高分子类防水卷材			
	弹性体改性沥青防水卷材、改性沥青聚乙烯胎防水卷材	自粘聚合物改性沥青防水卷材		三元乙丙橡胶防水卷材	聚氯乙烯防水卷材	聚乙烯丙纶复合防水卷材	高分子自粘胶膜防水卷材
		聚酯毡胎体	无胎体				
单层厚度(mm)	≥4	≥3	≥1.5	≥1.5	≥1.5	卷材：≥0.9 粘结料：≥1.3 芯材厚度：≥0.6	≥1.2
双层厚度(mm)	≥4	≥(3+3)	≥(1.5×2)	≥(1.2×2)	≥(1.2×2)	卷材：≥(0.7×2) 粘结料：≥(1.3×2) 芯材厚度：≥0.5	—

（2）防水涂料包括有机防水涂料和无机防水涂料两种。其中常见的有机防水涂料有水乳型、聚合物水泥等涂料；无机防水涂料有水泥基渗透结晶型、掺有外加剂、掺合料的水泥基防水涂料等。施工时，有机防水涂料宜用于结构主体的迎水面，无机防水涂料宜用于结构主体的背水面。

（3）基础底板防水工程施工中采用何种防水材料由设计单位在施工图设计文件中明确，明确的内容应包括防水材料的种类、规格、使用部位等。施工图设计文件未明确的，可要求设计单位进行明确答复。设计单位明确答复产生的合同外工程量，施工单位可向建设单位申请签证处理。

1.3　地下室基础底板防水施工流程

基础垫层施工→基层处理→防水附加层、细部节点构造防水处理→定位、弹线（涂料施工除外）→防水面层施工→设置防水隔离层→防水保护层施工。

1.4　地下室基础底板防水工程施工准备

为了高效、优质地完成地下防水工程的施工，施工前应做好如下准备工作：

（1）编制《地下室防水工程专项施工方案》，履行方案审核、审批手续，根据施工方案要求进行防水工程施工安排部署工作。

（2）根据设计图纸及规范要求计算好防水材料工程量，计量时阴阳角、桩头等特殊部位加强处理使用的材料应计量上，材料部在提料时，应考虑材料的损耗率（损耗率根据地方要求取值），所提工程量应按如下公式进行计算：

所提工程量＝根据设计图纸及规范
计算得出的工程量×（1＋材料的损耗率）

（3）把好材料进场关。每批防水材料进场时，应及时组织人员对进场材料的规格、数量、生产厂家、出厂检验报告、产品合格证等资料进行核查，同时按照规范要求在监理人员的见证下对所进场材料抽样送检复试。为了不因为材料复试不合格而影响后续防水工程施工，应在防水施工作业开始前提前策划好材料的进场及抽样送检，材料进场及抽样送检所使用的时间不占用正常防水施工所用时间。对进场不合格的防水材料应及时办理退场处理手续，如图1-3～图1-6所示。材料进场后防水施工过程中，应做好暂未使用防水材料的存储保管工作，严禁防水材料在阳光下暴晒、在水中浸泡，如图1-7、图1-8所示。

材料进场时，施工、监理单位应核查材料的规格、数量、生产厂家、出厂检验报告、产品合格证等，施工单位应在监理单位的见证下对材料进行抽样复试，同时应使用电子游标卡尺或手动游标卡尺测量防水材料壁厚，对壁厚达不到设计要求的卷材做退场处理或请设计出处理方案。

图1-3　防水卷材进场

图1-4　弹性体改性沥青防水卷材取样复试
注：同一类型、同一规格10000m²为一检验批，不足10000m²也按一批计。每批随机抽取5卷进行单位面积质量、面积、厚度及外观检查，检验合格后任取一卷，切除距外层卷头2500mm后，取1m长的卷材。

图1-5　三元乙丙橡胶防水卷材
（高分子卷材）取样复试
注：同品种、同规格的5000m²片材（如日产量超过8000m²，则以8000m²）为一检验批。每检验批中随机抽取3卷进行规格尺寸和外观质量检查，在上述检验合格的样品中再随机抽取足够的试样进行物理性能检验。

（4）防水施工队伍的选择。首先施工队伍所在企业应具有相应的资质、人员应经过专业的培训并持证上岗，防水施工队伍可以根据如下情况进行选择：

图 1-6　聚氨酯防水涂料取样复试

注：同一类型、同一规格 15t 为一批，不足 15t 也按一批计。每检验批中取样 3kg（多组分产品按配比取样）。

材料仓库宜布设在施工塔式起重机半径范围内和靠近垂直运输设备处，尽量避免材料的二次搬运工作。

材料在仓库中存储时宜做架空处理。

图 1-7　临时仓库存储保管材料　　　　　　图 1-8　材料存储

1）长期合作、服从管理、认同企业文化、施工技术水平过硬、办事效率高的队伍；

2）样板先行制度。地下防水施工前应组织不同的防水施工队伍进行防水施工样板制作，通过对样板施工工艺的检查和验收确定符合本项目施工要求的施工队伍。

（5）地下防水施工前，项目技术负责人或方案编制人员应当根据专项施工方案及有关规范标准的要求，向现场管理人员、施工作业人员进行技术交底和安全技术交底，交底人、被交底人应在交底单上签字确认。

1.5　地下室基础底板防水卷材施工与验收

1.5.1　地下室基础底板防水卷材施工质量控制要点

（1）基础垫层施工前，应平整夯实好基础地基，复核好基础垫层底面标高。垫层施工时应控制好垫层混凝土浇筑厚度，垫层厚度设计有要求时按设计施工，设计未注明时按规范要求施工，规范规定防水混凝土结构底板的混凝土垫层强度等级不应小于C15，厚度不应小于100mm，在软弱土层中不应小于150mm。施工时为了控制好垫层厚度，可以采用废钢筋头来控制垫层的标高。混凝土垫层浇筑完成且强度达到1.2MPa以后，方可在其上来往行人和进行上部施工。现场准备塑料布，浇筑完成后如降雨，可及时覆盖，避免造成起沙。如图1-9～图1-12所示。

图1-9　坑底标高复核

注：为了确保基坑坑底标高的准确

性，基坑开挖过程中，应边开挖边

复核基坑标高。

图1-10　垫层底部土方夯实

注：操作人员手戴绝缘手套，脚穿绝缘靴。

图1-11　垫层底部土方平整

注：基础垫层底部土方平整前，如基础设计有基础柱墩、集水井、电梯井砖胎膜时，为了防止土方平整过程中机械（如挖掘机等）自重和砖胎膜土方侧压力突变使砖胎膜发生位移和破坏，应提前做好砖胎膜内壁的加固保护工作。

（2）进行防水基层处理时，检查基层是否平整，带有尖锐凸起物的部位应用铲刀铲

图1-12 废钢筋头控制垫层标高

平,下凹部位应用水泥砂浆补平,基层阴阳角部位应做成45°角或圆弧状,基层表面应干燥无积水。

(3)涂刷基层处理剂时,基层表面应干燥无积水。处理剂涂层厚度应符合设计及规范要求,涂层涂刷厚薄应均匀,相邻涂层涂刷方向应垂直,不露白,露白部位及时补刷处理。基层处理剂涂刷前应看好天气预报,尽量避开雨期施工,严禁在雨天、雪天、五级及以上大风中施工,处理剂涂刷完成后应及时进行防水材料铺贴作业。

(4)基层阴阳角、转角等特殊部位应增做防水附加层,防水附加层一般取500mm宽,阴角或阳角每边250mm。

(5)基础底板垫层处防水卷材铺贴除基层周圈500mm范围满粘之外,其余部位可采用点粘法或空铺法进行施工。

(6)卷材铺贴时宜整卷铺贴,因条件限制不能整卷铺贴的,应结合基层尺寸策划好卷材裁剪部位和卷材铺贴方式,尽量减少铺贴接头的产生,卷材铺贴前可在基层表面弹线、定位加以控制(见图1-13)。相邻卷材铺贴宜平行进行铺贴,相邻两幅卷材短边搭接缝应错开,且不得小于500mm。当铺贴两层卷材时,上下层卷材长边搭接缝应错开1/2~1/3卷材幅宽,且两层卷材不得互相垂直铺贴。如图1-14~图1-16所示。

图1-13 卷材铺贴定位、弹线
注:定位、弹线宜遵循"防水卷材接缝最少,卷材宜整卷铺贴"的原则。

施工时应加热均匀，不得加热不足或烧穿卷材，搭接缝部位应溢出热熔的改性沥青，卷材与卷材间的粘结应紧密、牢固。

卷材铺贴宜整卷铺贴，尽量避免卷材搭接接头过多地出现。

图 1-14 弹性体改性沥青防水卷材热熔法施工

铺贴时应排除卷材下面的空气，应辊压粘贴牢固，卷材表面不得有扭曲、折皱和起泡现象。

图 1-15 自粘改性沥青聚乙烯胎防水卷材施工

（7）铺贴相邻两幅卷材时，应控制好两幅卷材的搭接宽度，相邻两幅卷材的搭接宽度应符合表 1-3 的规定。

相邻两幅卷材搭接宽度 表 1-3

卷 材 品 种	搭接宽度（mm）
弹性体改性沥青防水卷材	100
改性沥青聚乙烯胎防水卷材	100
自粘聚合物改性沥青防水卷材	80
三元乙丙橡胶防水卷材	100/60（胶粘剂/胶粘带）
聚氯乙烯防水卷材	60/80（单焊缝/双焊缝）
	100（胶粘剂）
聚乙烯丙纶复合防水卷材	100（粘结料）
高分子自粘胶膜防水卷材	70/80（自粘胶/胶粘带）

（8）基础底板折向立面的卷材，当外围砌筑有砖胎膜时（见图 1-17），砖胎膜与卷材接触的立面应按底板基层处理方法进行处理，并采用满粘法铺设卷材。折向立面的卷材应根据后续接槎的需要甩出砖胎膜顶部一定长度，根据规范要求高聚物改性沥青类卷材（如自粘聚合物改性沥青防水卷材、SBS 等）接槎搭接长度为 150mm

铺贴卷材时，应辊压粘贴牢固。卷材搭接部位的粘合面应清理干净，并应采用接缝专用胶粘剂或胶粘带粘结。

基底胶粘剂应涂刷均匀，不露底、堆积。

图 1-16 三元乙丙橡胶防水卷材冷粘法施工

（见图 1-18）。因后续接槎中相邻两幅卷材短边搭接缝应错开不少于 500mm，因而立面相邻两幅卷材从砖胎膜顶部甩槎长度依次为不小于 650mm 和 150mm（见图 1-19）；当无砖胎膜时，折向立面的卷材甩槎长度亦不小于 650mm 和 150mm。当卷材体为合成高分子类卷材时搭接长度为 100mm，甩槎、接槎方式同高聚物改性沥青类卷材。无论基础外围有无砖胎膜，均应采取有效措施保护好甩槎的防水卷材。

图 1-17 砖胎膜

图 1-18 卷材立面接槎示意图

图 1-19 卷材立面甩槎示意图

（9）基础底板防水卷材铺设完毕后，为了防止后续施工对卷材的破坏，应及时施工卷材保护层。卷材保护层一般为 50mm 厚 C20 细石混凝土或按设计进行施工。为了控制卷材保护层的厚度，一般采用在卷材表面制作灰饼的方式进行控制，灰饼尺寸及相邻灰饼的间距应根据实际情况设置，灰饼顶面标高同垫层顶面标高。炎热夏季，卷材保护层施工完成后，为了防止保护层混凝土产生干缩裂缝，应及时安排人员对保护层混凝土进行浇水养护或覆盖薄膜养护。如图 1-20。

（10）防水卷材施工完成后，应做好防水卷材施工成品保护工作：

1）指定成品保护负责人，明确责任范围，必要时派专人巡视施工现场。

2）防水层施工中或防水层已完成，而保护层未完成时，是成品保护的关键时期。在此期间，禁止任何无关人员进入现场，严禁穿带铁钉、铁掌的鞋进入现场，以免扎伤防水层。防水施工人员、物料进入，必须遵守轻拿轻放的原则，严禁尖锐物体撞击防水层。

3）防水层施工完毕后，不能在防水层上开洞或钻孔安装机器设备。如不得已

卷材防水层与保护层之间宜设置0.3mm厚塑料隔离层。

图 1-20　卷材保护层施工

必须在防水层上开洞、钻孔的，应先做好记录，并安排修补。在施工过程中，如发现防水层遭到破损，应尽快组织维修。

1.5.2　地下室基础底板防水卷材施工质量验收

防水卷材施工质量验收主要包括主控项目的验收和一般项目的验收，按照规范要求，主控项目验收应合格，一般项目验收应符合要求。根据《地下防水工程质量验收规范》GB 50208—2011 的规定，验收项目如下：

主 控 项 目

【4.3.15】卷材防水层所用卷材及其配套材料必须符合设计要求。

验收方法：检查产品合格证、产品性能检测报告和材料进场检验报告。

【4.3.16】卷材防水层在转角处、变形缝、施工缝、穿墙管等部位做法必须符合设计要求。

验收方法：观察和检查隐蔽工程验收记录。

一 般 项 目

【4.3.17】卷材防水层的搭接缝粘贴或焊接牢固，密封严密，不得有扭曲、折皱、翘起和起泡等缺陷。

验收方法：观察。

【4.3.20】卷材搭接宽度的允许偏差应为—10mm。

验收方法：观察和尺量。

1.6　地下室基础底板防水涂料施工与验收

1.6.1　地下室基础底板防水涂料施工质量控制要点

（1）基层处理前应先做好基础垫层的施工作业，涂料垫层的施工作业要点同卷材垫层施工。

（2）进行防水基层处理时，检查基层是否平整，带有尖锐凸起物的部位应用铲刀铲平，下凹部位应用水泥砂浆补平，基层阴阳角部位应做成圆弧状，阴角直径宜大于50mm，阳角直径宜大于10mm，基层表面应干燥无积水。基层底下地下水位应低于基层底不少于500mm，当不能满足时应采取有效的降水措施。

（3）在底板转角部位应增设胎体增强材料，胎体增强材料宽度不应小于500mm，并应增涂防水涂料，如图1-21、图1-22所示。相邻胎体增强材料搭接宽度不应小于100mm，上下两层和相邻两副胎体的接缝应错开1/3胎体幅宽，且上下两层胎体不得相互垂直铺贴。

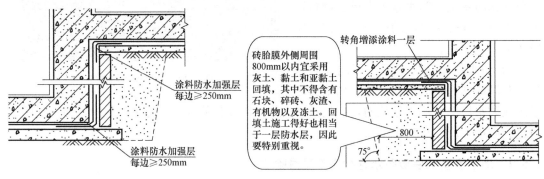

图1-21　底板转角部位增设胎体增强材料　　　图1-22　底板转角部位增涂涂料

（4）基础底板转角处及细部节点处理完成后，即可开始大面积防水涂料施工。施工时应分层涂刷涂料或喷涂涂料，每遍涂刷时应交替改变涂层的涂刷方向，涂刷应均匀，露白处应及时进行补刷，接槎宽度不应小于100mm，分层涂刷时下一层涂料涂刷应在上一层涂层干燥成膜后进行，同层涂膜的先后搭压宽度宜为3～5cm。当基础基层存在高低差时应遵循"先远后近，先高后低，先细部后大面"的原则进行涂料施工。严禁在雨天、雾天以及五级及以上大风时施工，为此，防水涂料施工前，应根据当地天气预报做好施工安排工作，尽量减少气候条件对施工的影响。

（5）涂料防水层施工完成后，在施工涂料保护层之前，宜在涂料防水层上铺设0.3mm厚的塑料薄膜作防水隔离层。

（6）设置隔离层后应及时施工50mm厚C20细石混凝土保护层，混凝土保护层施工时宜采用制作灰饼的方式来控制保护层的厚度，在后续施工中尽量避免尖锐硬物对混凝土保护层的破坏，以确保防水施工效果。

1.6.2　地下室基础底板防水涂料施工质量验收

防水涂料施工质量验收主要包括主控项目的验收和一般项目的验收，按照规范要求，主控项目验收应合格，一般项目验收应符合要求。根据《地下防水工程质量验收规范》GB 50208—2011的规定，验收项目如下：

主控项目

【4.4.7】涂料防水层所用的材料及配合比必须符合设计要求。

验收方法：检查产品合格证、产品性能检测报告、计量措施和材料进场检验报告。

【4.4.8】涂料防水层的平均厚度应符合设计要求，最小厚度不得低于设计厚度

的 90%。

验收方法：针测法。

【4.4.9】涂料防水层在转角处、变形缝、施工缝、穿墙管等部位做法必须符合设计要求。

验收方法：观察和检查隐蔽工程验收记录。

一 般 项 目

【4.4.10】涂料防水层应与基层粘结牢固、涂刷均匀，不得有流淌、鼓泡、露槎。

验收方法：观察。

【4.4.11】涂层间夹铺胎体增强材料时，应使防水涂料浸透胎体覆盖完全，不得有胎体外露现象。

验收方法：观察。

【4.4.12】侧墙涂料防水层的保护层与防水层应结合紧密，保护层厚度应符合设计要求。

验收方法：观察。

1.7 地下室基础底板后浇带防水处理

1.7.1 地下室基础底板后浇带防水施工

后浇带是在建筑施工中为防止现浇钢筋混凝土结构由于自身收缩不均或沉降不均可能产生的有害裂缝，按照设计或施工规范要求，在基础底板、墙、梁相应位置留设的临时施工缝。底板施工中常见的后浇带有温度后浇带和沉降后浇带两种。温度后浇带一般在底板混凝土浇筑完成后两个月即可进行封闭施工，而沉降后浇带应待基础沉降稳定后（一般设计规定主体结构完工后一个月）方可进行封闭施工。因底板后浇带是底板的临时间断处，静置时间较长，且与地基直接接触，不确定因素比较多，如果后浇带处理不好，很容易成为地下水渗漏的通道，该部位出现渗漏后，很难进行堵漏处理，为此，应做好防水施工过程控制，把隐患消除在施工过程中。

后浇带应设在结构受力变形较小的部位，其位置和间距由设计明确，宽度宜为 700～1000mm，后浇带两侧可做成平直缝或阶梯缝。如图 1-23～图 1-27 所示。

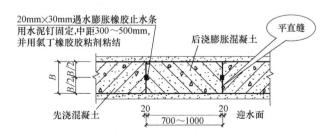

图 1-23　中埋遇水膨胀橡胶止水条防水构造（平直缝）

实际施工过程中，为了施工的方便，设计单位常常将底板后浇带设计成中埋式止水钢板防水构造，如图 1-28～图 1-30 所示。当设计图纸有规定时，按设计图纸进行施工；当

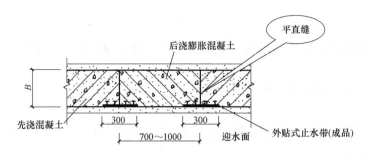

图 1-24　外贴式止水带构造（成品）

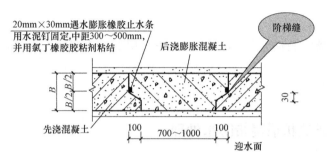

图 1-25　中埋遇水膨胀橡胶止水条防水构造（阶梯缝）

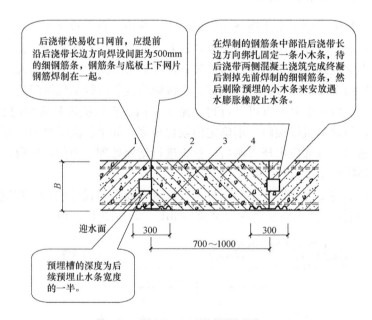

图 1-26　后浇带剖面图

1—先浇混凝土；2—底板面部钢筋；3—外贴止水带（成品）；4—后浇膨胀混凝土

设计图纸无规定时，可参照图 1-23～图 1-25 进行施工。

当底板后浇带需要进行超前止水时，后浇带部位的混凝土应局部加厚，并应增设外贴式止水带，如图 1-31、图 1-32 所示。

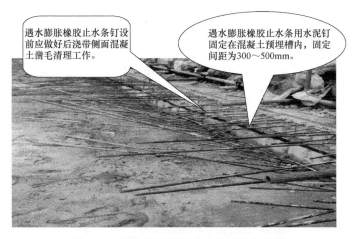

图 1-27　遇水膨胀橡胶止水条安装效果图

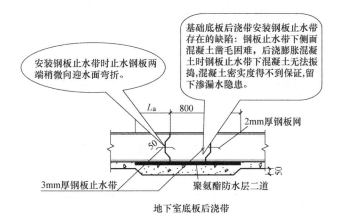

图 1-28　常见底板后浇带中埋式止水钢板设置剖面示意图

图 1-29　钢板止水带成品

注：钢板止水带宜采用 3mm 厚、
宽度大于 300mm 的钢板条。

图 1-30　中埋式止水钢板安装实物图

注：基础底板后浇带止水钢板固定可采用钢筋条
与底板上下钢筋网片进行点焊固定，但不得焊穿
止水钢板。钢筋条间距宜取 500mm，为了加固
牢靠，可在两对称止水钢板间加焊斜向钢筋条
进行固定。

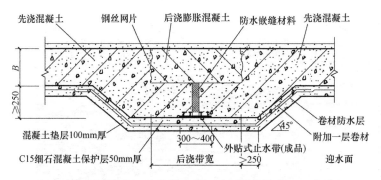

先浇混凝土　钢丝网片　后浇膨胀混凝土　防水嵌缝材料　先浇混凝土

混凝土垫层100mm厚

C15细石混凝土保护层50mm厚

300～400

外贴式止水带(成品)

后浇带宽

＞250

卷材防水层

附加一层卷材

迎水面

图 1-31　基础底板后浇带超前止水防水构造剖面示意图

图 1-32　基础底板后浇带超前止水防水构造实物图

基础底板混凝土浇筑完成后，后浇带需要经过一定的时间才能进行封闭施工。此期间可能有后续施工材料或杂物掉入后浇带内，而后浇带上下钢筋网片之间的空间一般比较狭窄，这就造成了后续后浇带封闭施工时后浇带内的垃圾很难进行清理。后浇带清理不干净，会影响到后浇带混凝土浇筑的质量，进而影响到后浇带混凝土的防水效果，为此，在底板混凝土浇筑完成和初步清理后浇带内的垃圾后，应对后浇带及时进行封盖处理，封盖板可根据现场实际情况进行设计，如图 1-33、图 1-34 所示。

基础底板后浇带混凝土封闭施工前，为了确保后浇带封闭混凝土与后浇带两侧混凝土的有效粘结，应安排作业人员对后浇带两侧混凝土面和后浇带底部浮浆进行凿毛处理。凿毛产生的混凝土碎块及后浇带内的垃圾和杂物应及时清理干净。

后浇带混凝土凿毛完成后，后浇膨胀混凝土施工前，应先涂刷混凝土界面处理剂或水泥基渗透结晶型防水涂料再进行混凝土浇筑作业。浇筑应采用高于两侧混凝土强度等级一级的掺膨胀剂的补偿收缩混凝土，浇筑作业应连贯进行，不得留有施工缝。

后浇膨胀混凝土浇筑完成后，应在 4～6h 内加以覆盖（覆盖材料可为薄膜等）保湿养护，养护时间不得少于 28d。当后浇带混凝土强度未达到 1.2MPa 时不得在其上踩踏或进行其他作业。

1.7.2 地下室基础底板后浇带施工质量验收

基础底板后浇带施工质量验收主要包括主控项目的验收和一般项目的验收，按照规范

图 1-33 后浇带封盖前俯视图

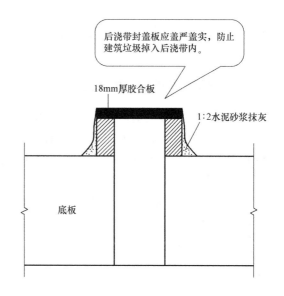

图 1-34 后浇带封盖剖面示意图

要求，主控项目验收应合格，一般项目验收应符合要求。根据《地下防水工程质量验收规范》GB 50208—2011 的规定，验收项目如下：

主 控 项 目

【5.3.1】后浇带用遇水膨胀止水条或止水胶、预埋注浆管、外贴式止水带必须符合设计要求。

验收方法：检查产品合格证、产品性能检测报告和材料进场检验报告。

【5.3.2】补偿收缩混凝土的原材料及配合比必须符合设计要求。

验收方法：检查产品合格证、产品性能检测报告、计量措施和材料进场检验报告。

【5.3.3】后浇带防水构造必须符合设计要求。

验收方法：观察和检查隐蔽工程验收记录。

【5.3.4】采用掺膨胀剂的补偿收缩混凝土，其抗压强度、抗渗性能和限制膨胀率必须符合设计要求。

验收方法：检查混凝土抗压强度、抗渗性能和水中养护 14d 后的限制膨胀率检测报告。

一 般 项 目

【5.3.5】补偿收缩混凝土浇筑前，后浇带部位和外贴式止水带应采取保护措施。

验收方法：观察。

【5.3.6】后浇带两侧的接缝表面应先清理干净，再涂刷混凝土界面处理剂或水泥基渗透结晶型防水涂料；后浇带混凝土的浇筑时间应符合设计要求。

验收方法：观察和检查隐蔽工程验收记录。

【5.3.8】后浇带混凝土应一次浇筑，不得留施工缝；混凝土浇筑后应及时养护，养护时间不得少于 28d。

验收方法：观察和检查隐蔽工程验收记录。

1.8 地下室基础桩头防水处理

1.8.1 地下室基础桩头防水施工

当基础设计有桩基，且桩头有钢筋和桩身锚入上部混凝土结构（如筏板、独立基础、条形基础等）时（见图1-35），应对锚入上部混凝土结构的桩身和钢筋做防水处理。当结构施工图设计有处理节点详图时，按设计节点详图进行施工；设计未明确时，可以参照图1-36、图1-37进行施工。防水施工前应做好桩顶混凝土的凿毛工作，并应清洗干净。当发现桩头有渗漏水现象的，应及时采取措施对渗漏部位进行封堵处理。桩头防水施工完成后，在进行后续施工过程中，应做好桩头钢筋防水用遇水膨胀止水条的保护工作，防止碰撞损坏而影响桩头防水效果。

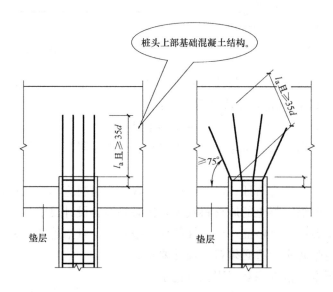

图 1-35 桩头桩身和钢筋与上部混凝土结构的连接

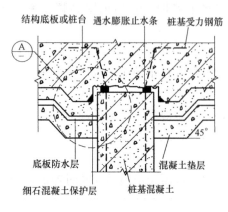

图 1-36 桩头防水构造

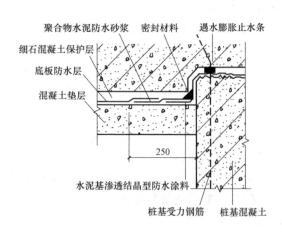

图 1-37 节点 A 详图

16

1.8.2 地下室基础桩头防水施工质量验收

桩头防水施工质量验收主要包括主控项目的验收和一般项目的验收，按照规范要求，主控项目验收应合格，一般项目验收应符合要求。根据《地下防水工程质量验收规范》GB 50208—2011 的规定，验收项目如下：

主 控 项 目

【5.7.1】桩头用聚合物水泥防水砂浆、水泥基渗透结晶型防水涂料、遇水膨胀止水条或止水胶和密封材料必须符合设计要求。

验收方法：检查产品合格证、产品性能检测报告和材料进场检验报告。

【5.7.2】桩头防水构造必须符合设计要求。

验收方法：观察和检查隐蔽工程验收记录。

【5.7.3】桩头混凝土应密实，如发现渗漏水应及时采取封堵措施。

验收方法：观察和检查隐蔽工程验收记录。

一 般 项 目

【5.7.4】桩头顶面和侧面裸露处应涂刷水泥基渗透结晶型防水涂料，并延伸至结构底板垫层 150mm 处；桩头周围 300mm 范围内应抹聚合物水泥砂浆过渡层。

验收方法：观察和检查隐蔽工程验收记录。

【5.7.5】结构底板防水层应做在聚合物水泥防水砂浆过渡层上并延伸至桩头侧壁，其与桩头侧壁接缝处应采用密封材料嵌填。

验收方法：观察和检查隐蔽工程验收记录。

【5.7.6】桩头受力钢筋根部应采用遇水膨胀止水条或止水胶，并应采取保护措施。

验收方法：观察和检查隐蔽工程验收记录。

【5.7.8】密封材料嵌填应密实、连续、饱满，粘结牢固。

验收方法：观察和检查隐蔽工程验收记录。

1.9 地下室基础底板混凝土结构自防水施工

设计单位一般将基础底板混凝土结构设计为基础底面最后一道防水层，当基础底板混凝土底面防水层（如卷材防水层、涂料防水层等）出现渗漏水时，基础底板混凝土结构自防水（防水材料一般为抗渗等级不低于 P6 的掺有膨胀剂的抗渗混凝土）就显得尤其重要了，基础底板混凝土结构自防水处理不好，将会成为新的渗漏水通道。因此，熟练地掌握底板混凝土结构自防水施工技术才能有效防止地下室基础底板出现渗漏水现象。

1.9.1 地下室基础底板混凝土结构施工工艺流程

设置基础底部钢筋垫块→钢筋安装绑扎→基础模板安装、加固→后浇带、施工缝快易收口网设置、加固→报料、混凝土材料进场→基础底板混凝土浇筑→基础底板混凝土养护。

1.9.2 地下室基础底板混凝土结构自防水施工质量控制要点

（1）基础底板钢筋安装绑扎前，应在防水保护层上弹线定位设置钢筋保护层垫块（常见的垫块有大理石垫块、水泥垫块等），保护层垫块间距设计有规定时按设计要求进行设置，设计无规定时应提前做好策划，可在施工组织设计中明确，按施工组织设计施工，如图 1-38～图 1-40 所示。

图 1-38　混凝土垫块成品
注：垫块强度应符合设计要求，严禁使用脆性垫块进行施工。

钢筋垫块可采用方形或梅花形方式进行设置。

底板迎水面结构混凝土防水保护层厚度一般取50mm，垫块设置高度同混凝土防水保护层厚度。

图 1-39　混凝土垫块设置效果图　　　　图 1-40　大理石垫块设置效果图

垫块设置到位，不仅可以保证基础底板混凝土结构施工质量，还可以保证基础底板钢筋不受底部渗漏水的侵蚀，如图 1-41 所示。

按照人防设计要求，人防基础底板上下层钢筋网片之间应设置间距小于 500mm 梅花形布置的拉钩，拉钩钩住上下钢筋网片并与钢筋网片绑扎牢固。当基础底板底部筋垫块设置不到位或未进行设置时，混凝土浇筑后容易出现底板底部钢筋与底板底部防水保护层直接接触的现象，此时如果底板底部防水保护层出现渗漏水现象，水亦会通过底部接触的钢筋网片和人防基础底板拉钩向上部结构渗漏。

（2）底板钢筋安装绑扎时，应做好底下防水保护层及防水层的保护工作，防止钢筋等硬物破坏、损伤防水层和防水保护层。

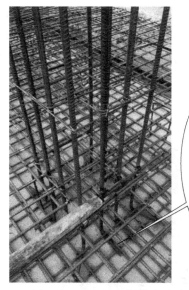

柱（墙）插筋一般插至基础底板底部筋上部，与基础底板底部筋直接接触，当基础底板底部筋未设置垫块或垫块设置不到位时，底板混凝土浇筑完成后，底板底部筋全部或局部直接与底板防水层接触，当防水层出现渗漏水时，水会以基础底板底部筋和柱插筋为渗水通道向结构上部渗漏。另外，水与钢筋直接接触后会随着时间的推移锈蚀钢筋结构，危及结构安全。

图 1-41　柱（墙）插筋在基础中的锚固与底板渗漏水的关系

（3）基础底板混凝土浇筑前，应及时了解混凝土供应商材料供应情况，了解完成后施工前应做好班前技术交底和安全技术交底工作，根据设计图纸估算好基础底板混凝土浇筑方量，算量时考虑一定的混凝土损耗，随着浇筑的开展，不断预估浇筑剩余方量，尽量避免混凝土材料出现供应不及时或材料多余现象的发生。同时应安排好材料进场时间、混凝土各部位的衔接浇筑时间、施工机械设备和人员配置等工作，尽量避免混凝土因进场后得不到及时浇筑和混凝土各部位浇筑衔接不上而产生施工冷缝、施工裂缝，进而导致基础底板渗漏水情况的发生，如图 1-42 所示。

（4）把好材料质量关。底板混凝土材料进场时，应对进场材料的质量证明文件、配合比报告等进行检查，检查出不符合要求的材料及时做退场处理。经检查质量证明文件齐全，但经现场混凝土坍落度试验不合格的材料亦做退场处理，如图 1-43 所示。

筏板基础柱墩混凝土强度等级与筏板基础混凝土强度等级不同时未拦设快易收口网，当混凝土供应不及时时，基础柱墩混凝土浇筑至板底时留下施工冷缝。

图 1-42　基础底板混凝土浇筑施工冷缝的产生

图 1-43　混凝土坍落度试验

注：坍落度试验可在木板上进行，但木板应放置在平整坚实的水平面上。

（5）材料证明文件齐全、经坍落度试验合格的材料可进场施工作业，作业前应有专职人员做好混凝土交接试块，试块制作应在监理人员的见证下完成，并留有影像资料。混凝土浇筑过程中应在现场随机抽样做抗渗试块、标准养护和同条件养护试块，如图 1-44 所示。

抗渗试块一组6块，每浇筑500m³抗渗混凝土留置一组。

标准养护试块一组3块，每100m³混凝土留置一组，当浇筑方量超出1000m³时，每200m³留置一组试块。

图 1-44　抗渗试块、标准养护试块制作

（6）基础底板混凝土浇筑时应提前策划好混凝土的浇筑方式，当基础底板为大体积混凝土底板（基础短边尺寸大于 1m 的底板）时，可采用全面分层、分段分层或斜面分层的方式进行浇筑作业。考虑到大体积混凝土水化热比较大，对其温度控制不好，混凝土体容易出现裂缝，严重者导致后期底板出现渗漏水现象。因此，做好基础底板大体积混凝土的温度控制措施，才能有效防止底板渗漏水现象的发生，如图 1-45、图 1-46 所示。

基础底板混凝土厚度不小于250mm，混凝土抗渗等级不小于P6。

当基础底板较厚时，应分层浇筑底板混凝土，分层厚度不应超过500mm，当下层混凝土初凝前，上层混凝土应浇筑完成，上下层混凝土浇筑时间间隔不宜过长，防止施工冷缝的出现。

图 1-45　基础底板混凝土浇筑

（7）基础底板混凝土浇筑过程中应做好混凝土的振捣工作，防止因为少振、漏振而使底板出现蜂窝、麻面甚至空隙的现象，基础底板出现空隙，容易成为渗漏水的通道。因而，振动棒操作手对混凝土的振捣工作就显得尤其重要了。作业人员在振捣混凝土时应始

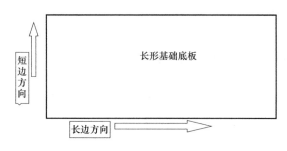

图 1-46　基础底板混凝土浇筑方式

注：基础底板混凝土浇筑时，为了防止供料不及时和一次浇筑工作面过长、下层混凝土初凝前未能及时
进行上层混凝土浇筑作业而产生混凝土施工冷缝，混凝土浇筑作业宜采用由长边方向推进的方式进行。

终遵循"快插慢拔"的原则，底板分层浇筑时，上层混凝土浇筑时振动棒应插入下层混凝土面不少于 50mm，确保上下层混凝土粘结牢固，操作振动棒时应穿绝缘鞋、戴绝缘手套。

（8）基础底板混凝土初凝前，应进行一次抹面处理，混凝土终凝后，可采用打磨机对基础底板面进行打磨处理，以有效防止基础底板混凝土面层裂缝的产生。基础底板混凝土结构裂缝不应大于 0.2mm，并不得贯通。

（9）基础底板混凝土浇筑完成后，应做好基础底板混凝土的养护工作，基础底板混凝土可采用覆盖薄膜、浇水或蓄水进行养护，养护时间不得少于 14d。混凝土强度未达到 1.2MPa 的，不允许上人施工作业，同时应控制好上料时间，防止重物压裂底板。做好养护工作一方面能保证混凝土的强度要求，另一方面也可以有效防止基础底板裂缝的产生，防止基础底板渗漏水现象的发生。

1.9.3　地下室基础底板混凝土结构自防水施工质量验收

基础底板混凝土结构自防水施工质量验收主要包括主控项目的验收和一般项目的验收，按照规范要求，主控项目验收应合格，一般项目验收应符合要求。根据《地下防水工程质量验收规范》GB 50208—2011 的规定，验收项目如下：

主　控　项　目

【4.1.14】防水混凝土的原材料、配合比及坍落度必须符合设计要求。

验收方法：检查出厂合格证、质量检验报告、计量措施和现场抽样试验报告。

【4.1.15】防水混凝土的抗压强度和抗渗压力必须符合设计要求。

验收方法：检查混凝土抗压、抗渗试验报告。

一　般　项　目

【4.1.17】防水混凝土结构表面应坚实、平整，不得有露筋、蜂窝等缺陷；埋设件位置应准确。

验收方法：观察和尺量。

【4.1.18】防水混凝土结构表面的裂缝宽度不应大于 0.2mm，并不得贯通。

验收方法：用刻度放大镜验收。

【4.1.19】防水混凝土结构厚度不应小于 250mm；迎水面钢筋保护层厚度不应小于 50mm。

验收方法：尺量和检查隐蔽工程验收记录。

1.10 地下室基础底板防水施工常见问题解析

（1）问题 1：施工组织设计未对防水施工进行设计或已设计但描述简单，没有针对性和可操作性，且未编制防水工程专项施工方案。

问题解析：

1）方案编制人员对防水施工工艺不了解；

2）项目管理混乱，内业资料缺失，施工质量意识淡薄，施工作业人员仅凭施工经验进行施工。

防治措施：在编制施工组织设计时应对防水工程施工做专项设计，同时应根据现场实际情况、设计图纸及规范要求编制相应的防水工程专项施工方案，施工组织设计和防水工程专项施工方案应具有针对性和可操作性。

（2）问题 2：进场材料不符合设计要求，抽样复试结果不合格。

问题解析：

1）施工单位未熟读施工图纸设计文件，对设计文件中材料的品种、规格、型号以及厂家等不了解；

2）为了施工利益的最大化，选用价格低廉、质量得不到保证的材料；

3）取样人员对材料取样工艺不了解，在材料取样时，直接截取端头材料进行送样检验。

防治措施：计划进料前应熟读施工图纸设计文件，及时了解进场材料的型号、规格、品种、生产厂家等信息。施工单位应提高施工质量意识，施工时不应懈怠，不应为了一点利益而损失工程施工质量，以免造成更大损失。材料进场后，应及时对进场材料抽样进行复试，取样人员应经过岗位培训并取得相应岗位资格证书，材料复试结果应合格。对不符合设计要求和复试结果不合格的材料，应及时做好退场处理。

（3）问题 3：防水施工前，未制作施工样板且未对施工作业人员进行班前技术交底和安全技术交底即进行防水工程施工作业。

问题解析：

1）项目管理混乱，管理人员管理不到位；

2）为了节约施工成本；

3）项目管理人员和施工作业人员施工质量意识、安全意识淡薄。

防治措施：为了使作业人员能更好地掌握防水工程的施工工艺流程及施工质量控制要点，确保作业人员的人身安全，防水工程施工作业前，应对作业人员进行相应的技术交底和安全技术交底，技术交底、安全技术交底文件应由交底人、被交底人和专职安全员签字确认，并留有相应的交底影像资料。

（4）问题 4：地基土方未平整夯实即进行基础垫层施工作业，后续施工因地基土方受力不均沉降而影响垫层上部防水层和混凝土结构施工质量。

问题解析：

1）管理人员管理不到位，施工质量意识淡薄；

2）为了节约施工成本。

防治措施：基础垫层施工前，应对地基土方做好夯实平整工作，经建设单位、监理单位验收合格后再进行基础垫层的施工。

（5）问题5：基础垫层施工完成后，基层未做防水层施工即进行下一道工序施工作业。

问题解析：

1）项目开发商为了节约项目投资成本，要求施工单位取消了防水工程施工作业；

2）施工单位和监理单位管理不到位，法律意识、施工质量意识比较淡薄。

防治措施：了解设计单位设计意图，按设计要求进行施工，防止基础底板出现渗漏水现象。

（6）问题6：防水层施工完成后未做防水保护层即进行上部钢筋安装绑扎作业，钢筋绑扎过程中因硬物碰撞而损伤防水层。

问题解析：

1）施工单位为了节约施工成本和赶工期，私自取消了防水保护层施工；

2）施工单位、监理单位管理不到位，施工质量意识比较淡薄。

防治措施：施工单位应了解防水保护层对防水层保护的重要性，不能因为赶工期而随意取消防水保护层施工，避免后续防水层出现破损渗漏水而给工程造成更大损失。

（7）问题7：防水材料大面积铺贴前，基础底板阴阳角、转角部位未做防水附加层（增强层）。

问题解析：

1）施工单位为了节约施工成本和赶工期，私自取消了基础底板阴阳角、转角部位防水附加层；

2）施工单位、监理单位管理不到位，施工质量意识比较淡薄。

防治措施：防水材料大面积铺贴前，应先施工防水附加层，防水附加层经建设单位、监理单位验收合格后再开始防水材料铺贴施工作业。

2 地下室外墙防水工程施工与验收

2.1 地下室外墙防水工程施工简介

地下室外墙是地下工程结构的组成部分，直接承受着地下水和墙体外侧土方侧向压力等因素的影响。地下室外墙施工时如果处理不好，将会导致墙体压裂、压弯，地下水会通过施工冷缝、裂缝等通道向地下室内渗漏水。为了防患于未然，设计单位一般会在施工图设计文件中明确地下室外墙的防水设计要求。施工时应严格按照防水设计要求和相关规范标准进行施工，以期达到防水防漏的效果。

2.2 地下室外墙防水等级及设防要求

2.2.1 防水等级

参照《地下防水工程质量验收规范》GB 50208—2011，地下室外墙防水等级应符合表 2-1 的规定。

地下室外墙防水等级标准　　　　　　　　　　　　　　　　表 2-1

防水等级	防水标准
一级	不允许漏水，结构表面无湿渍
二级	不允许漏水，结构表面可有少量湿渍
三级	有少量漏水点，不得有线流和漏泥沙
四级	有漏水点，不得有线流和漏泥沙

2.2.2 防水设防要求

参照《地下防水工程质量验收规范》GB 50208—2011，地下工程有明挖法和暗挖法两种开挖方式，两种开挖方式的结构防水设防要求见表 2-2 和表 2-3。

明挖法地下工程防水设防要求　　　　　　　　　　　　　　　表 2-2

工程部位		主体						施工缝					后浇带				变形缝、诱导缝					
防水措施		防水混凝土	防水砂浆	防水卷材	防水涂料	塑料防水板	金属板	遇水膨胀止水条	中埋式止水带	外贴式止水带	外抹防水砂浆	外涂防水涂料	膨胀混凝土	遇水膨胀止水条	外贴式止水带	防水嵌缝材料	中埋式止水带	外贴式止水带	可卸式止水带	防水嵌缝材料	外贴防水卷材	外涂防水涂料	遇水膨胀止水条
防水等级	一级	应选	应选一至二种					应选二种					应选	应选二种			应选	应选二种					

24

续表

工程部位		主体		施工缝	后浇带		变形缝、诱导缝	
防水等级	二级	应选	应选一种	应选一至二种	应选	应选一至二种	应选	应选一至二种
	三级	应选	宜选一种	宜选一至二种	应选	宜选一至二种	应选	宜选一至二种
	四级	宜选	—	宜选一种	应选	宜选一种	应选	宜选一种

暗挖法地下工程防水设防要求 **表 2-3**

工程部位		主体				内衬砌施工缝					内衬砌变形缝、诱导缝				
防水措施		复合式衬砌	离壁式衬砌、套	贴壁式衬砌	喷射混凝土	外贴式止水带	遇水膨胀止水条	防水嵌缝材料	中埋式止水带	外涂防水涂料	中埋式止水带	外贴式止水带	可卸式止水带	防水嵌缝材料	遇水膨胀止水条
防水等级	一级	应选一种			—	应选二种					应选	应选二种			
	一级	应选一种				应选一至二种					应选	应选一至二种			
	三级	—		应选一种		宜选一至二种					应选	宜选一种			
	四级			应选一种		宜选一种					应选	宜选一种			

地下室外墙防水施工前，应熟读设计文件，设计文件一般在结构施工图和建筑施工图总说明中明确本工程所选用的防水等级标准、防水设防要求以及防水工程施工所选用的图集、规范、标准及防水做法等。如设计未明确可在图纸会审中提出，由设计进行答复，按设计答复进行施工。设计答复增加的合同外工程量可向建设单位申请签证处理。如图 2-1～图 2-3 所示。

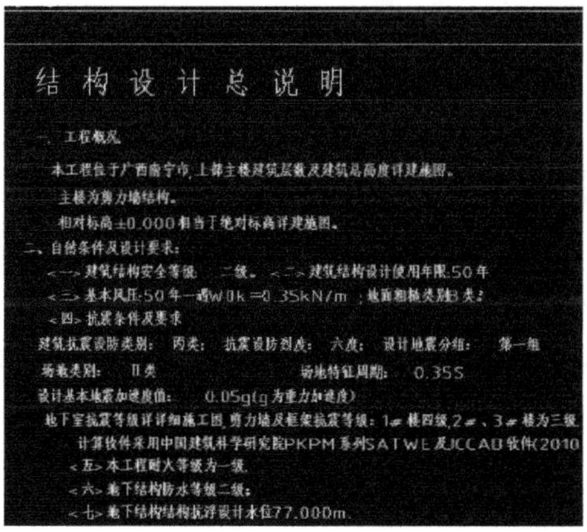

结构设计总说明

一、工程概况

本工程位于广西南宁市，上部主楼建筑层数及建筑总高度详建施图。

主楼为剪力墙结构。

相对标高±0.000相当于绝对标高详建施图。

二、自然条件及设计要求：

<一>建筑结构安全等级 二级。<二>建筑结构设计使用年限50年

<三>基本风压50年一遇W0k=0.35kN/m；地面粗糙度类别B类；

<四>抗震条件及要求

建筑抗震设防类别： 丙类； 抗震设防烈度： 六度； 设计地震分组： 第一组

场地类别： Ⅱ类 场地特征周期： 0.35S

设计基本地震加速度值： 0.05g(g为重力加速度)

地下室抗震等级详详细施工图，剪力墙及框架抗震等级：1#楼四级，2#、3#楼为三级

计算软件采用中国建筑科学研究院PKPM系列SATWE及JCCAD软件(2010

<五>本工程耐火等级为一级.

<六>地下结构防水等级二级；

<七>地下结构结构抗浮设计水位77.000m.

图 2-1 结构施工图设计总说明对地下结构防水等级的明确截图

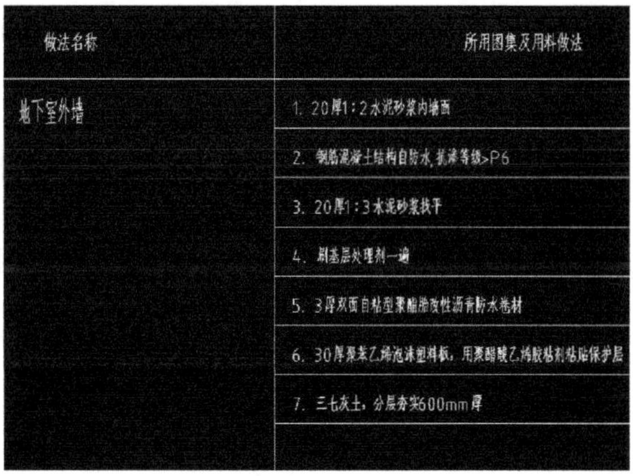

做法名称	所用图集及用料做法
地下室外墙	1. 20厚1：2水泥砂浆内墙面
	2. 钢筋混凝土结构自防水，抗渗等级>P6
	3. 20厚1：3水泥砂浆找平
	4. 刷基层处理剂一遍
	5. 3厚双面自粘型聚酯胎改性沥青防水卷材
	6. 30厚聚苯乙烯泡沫塑料板，用聚醋酸乙烯胶粘剂粘贴保护层
	7. 三七灰土，分层夯实600mm厚

图 2-2 建筑施工图总说明有关地下室外墙防水做法截图

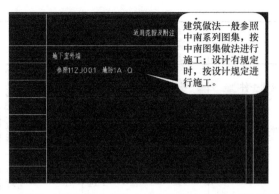

图 2-3 建筑施工图总说明有关地下室外墙防水做法引用图集截图

2.3 地下室外墙防水混凝土抗渗等级的规定

设计单位在进行地下室外墙混凝土设计时，一般会在施工图设计文件中明确地下室外墙混凝土的抗渗等级，地下室外墙混凝土的抗渗等级一般低于 P6，具体施工中采用何种抗渗等级的混凝土，由设计进行规定并且应符合表 2-4 的规定。

防水混凝土设计抗渗等级 表 2-4

工程埋置深度 H(m)	设计抗渗等级	工程埋置深度 H(m)	设计抗渗等级
$H<10$	P6	$20{\leqslant}H<30$	P10
$10{\leqslant}H<20$	P8	$H{\geqslant}30$	P12

地下室外墙防水混凝土施工作业时，对进场的混凝土材料应及时核对其出厂合格证、配合比强度试验报告等材料，对进场不符合设计要求的混凝土材料，及时要求商品混凝土供应公司做退场处理。地下室防水混凝土施工作业时，因为种种原因，常常检查发现进场混凝土为非抗渗混凝土材料，如果采用非抗渗混凝土材料进行地下防水工程结构混凝土浇筑作业，那么地下防水工程结构的自防水能力将大大减弱，甚至直接导致地下防水工程结构渗漏水情况的发生。因此，在进行地下室外墙混凝土浇筑作业时，应严把材料进场关，坚决不使用不合格的混凝土材料。

2.4 地下室外墙防水工程施工常用防水材料

地下室外墙防水工程施工常用防水材料选用参照本书第 1 章第 1.2 节的规定。

2.5 地下室外墙防水工程施工准备

（1）根据设计图纸及现场实际情况编制《地下室外墙防水工程专项施工方案》，方案应具有针对性和可操作性，施工时按方案进行施工；

（2）选择外墙防水施工队伍，防水施工单位应具有相应的资质，施工作业人员应经岗位培训并持证上岗；

（3）根据设计图纸做好防水材料进料计划，安排好材料进场时间、抽样复试等工作；

（4）地下室外墙防水施工前，应对施工作业人员做好技术交底和安全技术交底工作，交底人、被交底人和专职安全员应在交底文件上签字确认，交底应有文字记录和影像记录；

（5）因前期施工需要，地下室外墙搭设有外架且外架影响到后续地下室外墙防水施工的，应进行外架架体调整或拆除作业，架体调整或拆除应有专项施工方案，施工时应按方案实施并做好安全防护工作，专职安全员应在岗履职。

2.6 地下室外墙防水施工流程

地下室外墙混凝土结构自防水施工→地下室外墙外表面防水基层处理→涂刷防水基层处理剂（涂料施工除外）→地下室外墙外表面基层特殊部位防水处理→防水层施工→防水保护层施工→地下室室外土方回填施工。

2.7 地下室外墙混凝土结构自防水施工与验收

2.7.1 施工流程

地下室外墙钢筋安装绑扎→导墙施工缝防水施工处理→导墙模板安装、加固→导墙混凝土浇筑、养护→导墙施工缝处理→导墙施工缝上部结构钢筋安装绑扎→穿墙管道等预埋件预埋并做好防水处理→安装导墙施工缝上部结构模板并加固→导墙施工缝上部混凝土浇筑、养护。

2.7.2 施工质量控制要点

（1）地下室外墙钢筋安装绑扎时，应采取措施控制好钢筋骨架安装尺寸，钢筋骨架安装尺寸偏差应在规范允许范围内。钢筋骨架安装尺寸偏差超出规范允许范围并小于设计值时，会减弱外墙结构挡土力，当其挡土力小于外墙回填土侧压力时，地下室外墙可能会出现被压弯、压裂等现象。地下室外墙被压裂后，墙外地下水会通过外墙裂缝渗入或流入地下室内。为了防止因钢筋骨架安装不到位而出现的渗漏水现象，钢筋骨架安装时，可采用安装钢筋定位梯子筋的方法进行控制。

地下室外墙钢筋混凝土保护层未留置或留置厚度较小时，地下室外墙钢筋容易受到地下室外墙地下水的渗漏侵蚀。为了防止地下室外墙地下水对外墙钢筋的锈蚀，设计单位一般在地下室外墙迎水面设计有 50mm 厚的混凝土保护层。施工时，应控制好地下室外墙钢筋保护层厚度，外墙钢筋混凝土保护层宜采用不低于外墙混凝土强度配合比的预制混凝土垫块（撑条）进行控制。考虑到地下室外墙防水的要求，严禁使用塑料垫块控制地下室外墙钢筋混凝土保护层。

（2）地下室外墙混凝土导墙施工缝防水施工处理

地下室外墙水平施工缝宜设在底板混凝土面以上 300mm 处，施工中通常将底板混凝土面至外墙水平施工缝处的墙体称为地下室外墙混凝土导墙，地下室外墙混凝土导墙厚度不小于 250mm，混凝土抗渗等级不小于 P6。

常见的地下室外墙混凝土导墙防水施工缝构造如图 2-4～图 2-7 所示。

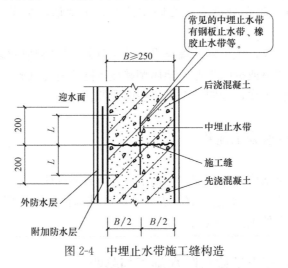

图 2-4　中埋止水带施工缝构造

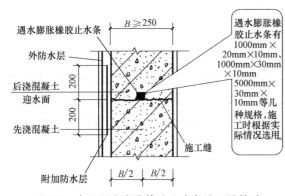

图 2-5　中埋遇水膨胀橡胶止水条施工缝构造

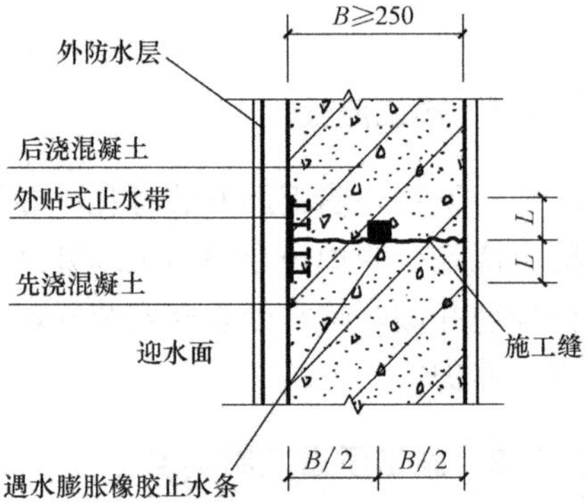

图 2-6　中埋遇水膨胀橡胶止水条复合外贴式止水带施工缝构造

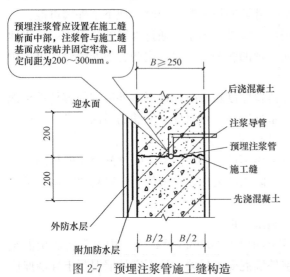

图 2-7　预埋注浆管施工缝构造

若导墙施工缝采用中埋式止水钢板构造，则地下室外墙混凝土导墙模板安装前，应提前做好中埋式止水钢板预埋工作，避免导墙模板安装完成后难以进行中埋式止水钢板安装固定工作，如图 2-8 所示。

中埋式止水钢板预埋安装时，常常出现与地下室外墙柱箍筋交叉冲突的问题，施工中中埋式止水钢板与扶壁柱箍筋交叉处一般采用止水钢板贯通设置、交叉部位柱箍筋断开或止水钢板贯通设置、交叉部位柱箍筋先割断后再点焊在止水钢板上的方式进行处理，如图 2-9、图 2-10 所示。

中埋式止水钢板安装时可采用细钢筋条与外墙内外钢筋网片进行点焊固定,加固钢筋条根据现场实际情况确定,但确保不得焊穿止水钢板。预埋位置应准确,导墙混凝土浇筑完成后应确保止水钢板宽度的一半应露在导墙施工缝以上。中埋式止水钢板两端应稍微向地下室外迎水面弯折。

图 2-8　中埋式止水钢板安装成品

柱筋根部承受的应力较大,柱箍筋应尽量按照设计图纸要求贯通设置。当不能贯通设置时,应采取措施进行加固。

图 2-9　外墙柱根部交叉部位箍筋断开设置

箍筋点焊在止水钢板上时不得焊穿中埋式止水钢板。

图 2-10　外墙柱根部交叉部位箍筋点焊在止水钢板上

29

图 2-11 地下室外墙竖向后浇带
中埋式止水钢板

当地下室外墙设计有竖向后浇带且后浇带施工缝采用中埋式止水钢板防水构造时，后浇带的施工缝处理可参照地下室外墙混凝土导墙水平施工缝进行，如图 2-11 所示。

（3）地下室外墙混凝土导墙模板安装、加固

安装、固定地下室外墙混凝土导墙模板应使用带有方形止水片的对拉螺杆，严禁使用带有 PVC 外套管的止水螺杆。止水片对拉螺杆安装前，宜在螺杆两端加设小木片，小木片加设前，宜焊设定位筋或圆形定位钢片，待地下室外墙混凝土浇筑完成拆模后将两端小木片剔除，然后割断两端外露螺杆，再进行止水片对拉螺杆端头防水处理，如图 2-12、图 2-13 所示。

应采用人工剔除小木片，严禁使用机械（如冲击钻、风炮击等）进行剔除作业，以免损伤混凝土结构。剔除作业定位应准确，尽量避免对木片周围混凝土的损伤。

一般采用3mm厚度50mm×50mm的方形止水片。

焊设小木片定位筋。

图 2-12 止水片对拉螺杆成品

注：止水片对拉螺杆从直径来分，通常有 12mm、14mm、16mm 和 20mm 四种规格。施工时根据实际情况选用。

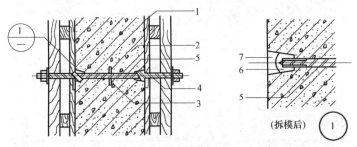

（拆模后）

图 2-13 固定模板用螺栓的防水做法

1—模板；2—结构混凝土；3—止水片；4—止水螺杆；5—小木片；6—嵌缝材料；7—聚合物水泥砂浆

为了确保导墙上部混凝土与导墙混凝土接缝平整顺直，在进行导墙模板安装时，可边安装模板边吊线、拉通线进行校正控制。

地下室外墙混凝土导墙模板安装完成后混凝土浇筑前，应对安装的模板进行加固处理，导墙模板加固方式多种多样，可根据现场实际情况采取某种方式进行加固即可。

图2-14 地下室外墙导墙模板内顶加固

注：混凝土导墙模板的加固方式可在模板安装加固前提前进行策划。

（4）地下室外墙混凝土导墙宜和基础底板同时进行浇筑，尽量避免底板混凝土与导墙混凝土间施工冷缝的产生。完成一段基础底板浇筑作业后，即可在该部位穿插进行地下室外墙混凝土导墙浇筑作业。因此，地下室外墙混凝土导墙浇筑作业前，应提前进行混凝土施工策划和安排，如图2-15所示。

图2-15 地下室外墙混凝土导墙浇筑作业

注：基础底板与地下室外墙混凝土导墙宜连贯浇筑，尽量避免施工冷缝的产生。进行混凝土浇筑作业时，应做好混凝土振捣工作，振捣操作应遵循"快插慢拔"的原则，振动时间宜为20～30s，待混凝土体上表面泛有浮浆即可停止振捣操作。

地下室外墙混凝土导墙浇筑完成后混凝土初凝前，如果导墙水平施工缝后面采用中埋遇水膨胀橡胶止水条作为水平施工缝防水构造，为了方便后面遇水膨胀橡胶止水条的安装，可在导墙水平施工缝中部采用小木方条压槽，等导墙混凝土终凝后剔除小木方条来安装遇水膨胀止水条。如图2-16、图2-17所示。

小木方条压槽尺寸为遇水膨胀橡胶止水条尺寸的一半。

小木方条压槽施工时，应确保相邻小木方条安装尺寸一致，且安装在一条直线上。

遇水膨胀橡胶止水条应用水泥钉固定在压槽内，固定间距为300～500mm。当止水条采用搭接连接时，搭接宽度不应小于30mm。

止水条安装时应保证有一半高度外露在导墙水平施工缝上部。

图2-16 导墙水平施工缝中部压槽效果图

图2-17 遇水膨胀橡胶止水条安装

（5）地下室外墙混凝土导墙浇筑完毕拆模后，应及时对导墙混凝土进行不少于14d的养护作业，养护可采用浇水的方式进行。导墙混凝土强度未达到设计强度要求时严禁绑扎导墙上部钢筋，以免钢筋绑扎扰动破坏导墙混凝土体，导墙混凝土体开裂松动后容易导致地下室外墙出现渗漏水情况。导墙混凝土强度达到设计强度要求之前，可先进行地下室满堂支撑架的搭设以及其他流水段的钢筋安装绑扎等工作，以满足流水施工的需要。

（6）地下室外墙混凝土导墙水平施工缝上部墙体结构钢筋绑扎完成后，应及时组织水电安装队伍做好地下室外墙穿墙套管的预埋工作。地下室外墙穿墙套管宜采用不锈钢镀锌钢管，套管预埋时除与混凝土直接接触部位外，其余部位应涂刷防锈漆。穿墙套管壁厚应符合设计和规范要求。穿墙套管中部宜加焊止水翼环，止水翼环厚度不小于10mm，宽度不小于100mm。

安装地下室外墙穿墙套管时，应确保穿墙套管与内墙角、凹凸部位的距离不小于250mm。当穿墙套管为群管构造时，相邻套管间距应大于300mm，以便后续套管防水施工处理。预埋套管时，套管可向地下室外略微倾斜（坡度1‰～1.5‰），严禁向地下室内倒坡倾斜。如图2-18～图2-20所示。

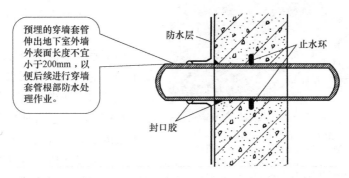

图 2-18　穿墙套管单管预埋构造

图 2-19　穿墙套管群管预埋间距不符合规范要求

图 2-20　地下室外墙穿墙套管

地下室外墙穿墙预埋件应提前进行预埋，严禁混凝土结构成形后再进行开槽安装。预埋穿墙预埋件时应对预埋件做好防水处理，防止预埋件后期使用时出现渗漏水现象。

（7）安装地下室外墙混凝土导墙上部墙体模板前，应将混凝土导墙水平施工缝处的浮浆剔除干净。为了确保上部墙体与混凝土导墙施工缝接缝平整、顺直、不漏浆，可在导墙水平施工缝以下100mm处钉设模板压板条，如图2-21、图2-22所示。

水平施工缝浇筑混凝土前，应先铺设净浆或涂刷混凝土界面处理剂、水泥基渗透结晶型防水涂料等材料，再铺设30～50mm厚的水泥砂浆，并应及时浇筑混凝土。

导墙水平施工缝凿毛应将施工缝处的浮浆剔除干净，以混凝土骨料石子外露为准。水平施工缝凿毛完成后应将施工缝垃圾清理干净。

图 2-21　地下室外墙混凝土导墙水平施工缝凿毛

（8）地下室外墙混凝土导墙上部混凝土墙体结构高度超过500mm时，应分层进行浇筑，分层浇筑高度不应大于500mm。浇筑导墙上部混凝土时，上层混凝土应在下层混凝土初凝前浇筑完毕，施工中应做好混凝土振捣工作，确保混凝土密实不漏浆。地下室外墙混凝土导墙上部墙体混凝土浇筑完成拆模后应及时安排人员对墙体混凝土进行养护，养护时间不少于14d。

2.7.3　施工质量验收

地下室外墙混凝土结构自防水施工质量验收主要包括主控项目的验收和一般项目的验收，按照规范要求，主控项目验收应合格，一般项目验收应符合要

地下室外墙混凝土导墙浇筑时控制好导墙墙体混凝土厚度以及两侧面混凝土的平整度和垂直度，为后续地下室外墙墙模安装拼缝严密创造条件。

图 2-22　地下室外墙混凝土导墙模板压板条钉设

求。根据《地下防水工程质量验收规范》GB 50208—2011 的规定，验收项目如下：

主 控 项 目

【4.1.14】防水混凝土的原材料、配合比及坍落度必须符合设计要求。

验收方法：检查出厂合格证、质量检验报告、计量措施和现场抽样试验报告。

【4.1.15】防水混凝土的抗压强度和抗渗压力必须符合设计要求。

验收方法：检查混凝土抗压、抗渗试验报告。

一 般 项 目

【4.1.17】防水混凝土结构表面应坚实、平整，不得有露筋、蜂窝等缺陷；埋设件位置应正确。

验收方法：观察和尺量。

【4.1.18】防水混凝土结构表面的裂缝宽度不应大于 0.2mm，并不得贯通。

验收方法：用刻度放大镜验收。

【4.1.19】防水混凝土结构厚度不应小于 250mm；迎水面钢筋保护层厚度不应小于 50mm。

验收方法：尺量和检查隐蔽工程验收记录。

2.8　地下室外墙外表面防水基层处理

地下室外墙混凝土浇筑完成拆模后外墙防水施工前，应先检查墙体混凝土外表面是否存在蜂窝、麻面以及局部露筋等质量缺陷，按照质量缺陷严重程度分为一般质量缺陷和严重质量缺陷两种。根据《混凝土结构工程施工质量验收规范》GB 50204—2015 的规定，现浇结构的外观质量缺陷应由监理单位、施工单位等各方根据其结构性能和使用功能影响的严重程度按表 2-5 确定。

现浇结构外观质量缺陷　　　　　　　　　　　表 2-5

名称	现　　　象	严重缺陷	一般缺陷
露筋	构件内钢筋未被混凝土包裹而外露	纵向受力钢筋有露筋	其他钢筋有少量露筋
蜂窝	混凝土表面缺少水泥砂浆而形成石子外露	构件主要受力部位有蜂窝	其他部位有少量蜂窝
孔洞	混凝土中孔洞深度和长度均超过保护层厚度	构件主要受力部位有孔洞	其他部位有少量孔洞
夹渣	混凝土中夹有杂物且深度超过保护层厚度	构件主要受力部位有夹渣	其他部位有少量夹渣
疏松	混凝土中局部不密实	构件主要受力部位有疏松	其他部位有少量疏松
裂缝	裂缝从混凝土表面延伸至混凝土内部	构件主要受力部位有影响结构性能或使用功能的裂缝	其他部位有少量不影响结构性能或使用功能的裂缝
连接部位缺陷	构件连接处有缺陷或连接钢筋、连接件松动	连接部位有影响结构传力性能的缺陷	连接部位有基本不影响结构传力性能的缺陷

名称	现　　象	严重缺陷	一般缺陷
外形缺陷	缺棱掉角、棱角不直、翘曲不平、飞边凸肋等	清水混凝土构件有影响使用功能或装饰效果的外形缺陷	其他混凝土构件有不影响使用功能的外形缺陷
外表缺陷	构件表面麻面、掉皮、起沙、玷污等	具有重要装饰效果的清水混凝土构件有外表缺陷	其他混凝土构件有不影响使用功能的外表缺陷

当地下室外墙外防水层出现渗漏且地下室外墙外表面基层存在质量缺陷时，若质量缺陷部位处理不好，则容易成为新的渗漏水通道。因此，在处理外墙外表面基层时，对基层质量缺陷的处理就显得尤为重要了。施工中常见的外墙外表面基层质量缺陷如图 2-23 所示。

地下室外墙外表面基层质量缺陷处理完成后，可开始对外墙外表面基层的凸出物（如止水螺杆、混凝土外凸部分等）进行打磨整平处理，外墙局部混凝土稍微下凹部位采用聚合物水泥砂浆补平即可。打磨处理应确保混凝土保护层不受打磨破坏并不损坏地下室外墙墙筋。

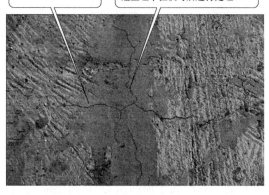

地下室外墙墙面裂缝不应大于0.2mm，不得有贯通缝。

裂缝不影响结构性能和使用功能，可由施工单位提出技术处理方案，经监理单位认可后进行处理。

图 2-23　地下室外墙外表面
出现裂缝（一般质量缺陷）

地下室外墙外表面基层处理完成后，在进行外墙防水层施工作业之前，应先做好地下室外墙外表面基层砂浆找平工作，以便后续防水层施工作业和确保防水施工效果。地下室外墙外表面基层一般采用厚度为 20mm 的 1∶3 的水泥砂浆进行找平。砂浆找平作业前，为了控制好砂浆找平厚度和找平面的平整度，可在地下室外墙外表面制作墙面冲筋或灰饼进行控制，如图 2-24 所示。

冲筋的定义：建筑装饰时，墙面抹灰面积大，一般在抹灰前用砂浆在墙上按一定间距做出小灰饼(又称打点)，然后按小灰饼继续用砂浆做出一条或几条灰筋(一般间距1～2m)，以控制抹灰厚度及平整度。

图 2-24　墙面冲筋制作成品

当地下室外墙设计有竖向后浇带，且竖向后浇带须等主体结构完工后再进行封闭施工时（如沉降后浇带），为了不影响地下室室外土方回填施工作业，应对地下室外墙竖向后浇带进行超前止水施工。外墙竖向后浇带超前止水施工可采用预制混凝土板对后浇带进行封闭或在后浇带处砌筑砖墙进行封闭，如图 2-25、图 2-26 所示。

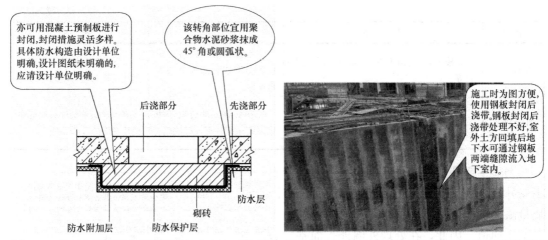

图 2-25　地下室外墙竖向后浇带超前止水施工示意图　图 2-26　地下室外墙竖向后浇带采用钢板进行封闭

地下室外墙竖向后浇带由砖墙或预制混凝土板等封闭后，应参照地下室外墙外表面基层找平进行砂浆找平施工。

2.9　地下室外墙外表面基层特殊部位防水处理

（1）当采用防水卷材作为地下室外墙防水材料时，应先在防水基层上涂刷防水材料基层处理剂（如冷底子油两遍等），涂层应均匀不露白。涂刷完成后地下室外墙阴阳角、转角部位应增做防水附加层，附加层宽度宜为 500mm，每边宽 250mm。

（2）当采用防水涂料作为地下室外墙防水材料时，应确保防水基层表面干燥无水珠，涂料施工前防水基层阴阳角、转角部位应增做胎体增强材料，胎体增强材料宽度为 500mm。防水基层阴阳角、转角部位胎体增强材料施工完成后，应在胎体增强材料上增涂防水涂料一遍。

（3）当外墙结构防水等级为一级或二级时，外墙施工缝处应先增做附加防水层再进行防水层施工，附加防水层宽度宜为 400mm，施工缝两边每边 200mm，如图 2-27 所示。

（4）地下室外墙穿墙套管在外墙根部处应增做防水附加层，如图 2-28、图 2-29 所示。

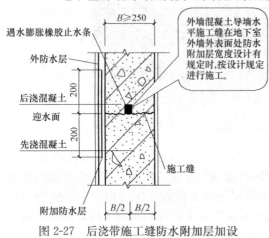

图 2-27　后浇带施工缝防水附加层加设

图 2-28　地下室外墙穿墙套管在外墙根部处防水附加层构造

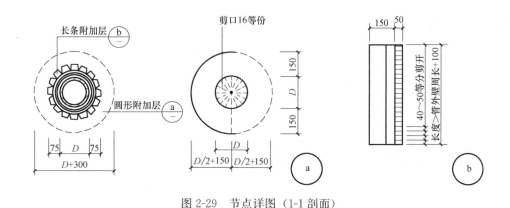

图 2-29 节点详图（1-1 剖面）

（5）地下室外墙外表面基层特殊部位防水处理完成后，可采用观察和检查隐蔽工程质量验收记录的方式进行施工质量验收。

2.10 地下室外墙防水层施工与验收

2.10.1 防水施工形式

地下室外墙防水施工根据施工现场场地的情况，分为外防外贴（涂）和外防内贴（涂）两种形式。当施工现场场地比较狭窄、施工作业面比较有限时，可以采用砌筑砖胎膜结合外防内贴的方式进行地下室外墙防水施工作业；当施工现场场地比较宽广、施工作业面比较大时，可以采用外防外贴的方式进行地下室外墙防水施工作业。当地下室外墙防水施工采用防水卷材作为防水材料时，防水卷材外防外贴法和外防内贴法应符合如下规定：

（1）外防外贴法铺贴地下室外墙防水卷材时，应先铺贴平面，后铺贴立面，交接处应交叉搭接；

（2）外防内贴法铺贴地下室外墙防水卷材时，宜先铺贴立面，后铺贴平面，应先铺贴转角，后铺贴大面。

防水卷材有关平面、立面铺贴先后顺序的安排，主要是从平面卷材与立面卷材先后铺贴可能会产生渗漏水通道，进而影响卷材整体防水施工效果考虑的，如图2-30所示。

铺贴顺序错误。外防内贴防水施工，应先铺贴地下室外墙砖胎膜处立面或转角处防水卷材，再压搭铺贴基础底板平面卷材。

如图示铺贴方式，如果砖胎膜处立面卷材与底板基础平铺卷材搭接缝处理不好，砖胎膜外的地下水容易通过砖胎膜和平立面卷材搭接缝向基础底板平面卷材上渗漏，渗漏后，基础底板平面卷材失去防水效果。

图 2-30 地下室外墙外防内贴卷材铺贴顺序颠倒、错误

2.10.2　卷材防水层施工质量控制要点

地下室外墙外表面基层及特殊部位防水处理完成后，即可开始进行大面积防水卷材铺贴施工作业，卷材铺贴作业时，应注意以下问题：

（1）地下室外墙防水卷材铺贴时应采用满粘法进行施工，严禁采用空铺法或点粘法进行施工。

（2）防水卷材铺贴作业时，尽量减少卷材搭接缝的产生，防水卷材宜整幅进行铺贴，卷材铺贴时可在防水基层上弹线加以控制，同时应控制好相邻两幅卷材搭接的宽度、短边错缝的长度、相邻上下两层防水卷材铺贴时搭接错缝要求以及卷材搭接处密封质量等问题，具体技术要求参见本书第1章第1.5.1节第（6）条和第（7）条的规定。

（3）当地下工程为单建式且采用防水卷材作为防水材料时，应做好外墙顶部与结构顶板防水层的接缝处理。外墙卷材施工至墙体顶部时，应做好防水卷材的甩槎处理，防水卷材的甩槎可参照本书第1章第1.5.1节第（8）条的规定进行处理。

（4）当地下工程为附建式的全地下或半地下工程时，地下室外墙防水设防高度应高出室外地坪高程500mm以上。高出室外地坪500mm以上的外墙防水一般采用20mm厚掺有外加剂的防水砂浆进行处理。另外，应当注意做好室外地坪下部外墙防水卷材的封口处理，如图2-31所示。

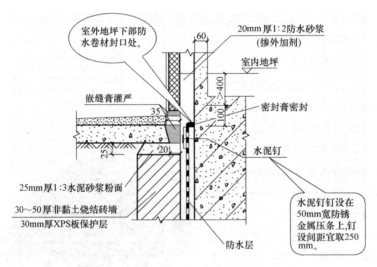

图2-31　室外地坪下部防水卷材封口处理

2.10.3　卷材防水层施工质量验收

防水卷材工程施工质量验收主要包括主控项目的验收和一般项目的验收，按照规范要求，主控项目验收应合格，一般项目验收应符合要求。根据《地下防水工程质量验收规范》GB 50208—2011的规定，验收项目如下：

主 控 项 目

【4.3.15】卷材防水层所用卷材及其配套材料必须符合设计要求。

验收方法：检查产品合格证、产品性能检测报告和材料进场检验报告。

【4.3.16】卷材防水层在转角处、变形缝、施工缝、穿墙管等部位做法必须符合设计要求。

验收方法：观察和检查隐蔽工程验收记录。

一 般 项 目

【4.3.17】卷材防水层的搭接缝粘贴或焊接牢固，密封严密，不得有扭曲、折皱、翘起和起泡等缺陷。

验收方法：观察。

【4.3.20】卷材搭接宽度的允许偏差应为－10mm。

验收方法：观察和尺量。

2.10.4 涂料防水层施工质量控制要点

地下室外墙防水层施工采用防水涂料作为防水材料时，防水层涂刷施工作业参照本书第1章第1.6.1节第（4）条进行。

2.10.5 涂料防水层施工质量验收

防水涂料工程施工质量验收主要包括主控项目的验收和一般项目的验收，按照规范要求，主控项目验收应合格，一般项目验收应符合要求。根据《地下防水工程质量验收规范》GB 50208—2011的规定，验收项目如下：

主 控 项 目

【4.4.7】涂料防水层所用的材料及配合比必须符合设计要求。

验收方法：检查产品合格证、产品性能检测报告、计量措施和材料进场检验报告。

【4.4.8】涂料防水层的平均厚度应符合设计要求，最小厚度不得低于设计厚度的90％。

验收方法：针测法。

【4.4.9】涂料防水层在转角处、变形缝、施工缝、穿墙管等部位做法必须符合设计要求。

验收方法：观察和检查隐蔽工程验收记录。

一 般 项 目

【4.4.10】涂料防水层应与基层粘结牢固、涂刷均匀，不得有流淌、鼓泡、露槎。

验收方法：观察。

【4.4.11】涂层间夹铺胎体增强材料时，应使防水涂料浸透胎体覆盖完全，不得有胎体外露现象。

验收方法：观察。

【4.4.12】侧墙涂料防水层的保护层与防水层应结合紧密，保护层厚度应符合设计要求。

验收方法：观察。

2.10.6 防水层施工成品保护

地下室外墙防水层施工完成后，防水保护层施工作业之前，应采取措施保护好防水层施工成品。防水保护层施工之前，严禁向防水层外侧基槽内倾倒建筑垃圾或回填土方，以免建筑垃圾等硬物对地下室外墙防水层产生破坏，同时应安排专人负责看护地下室外墙防水层，一经检查发现有违规进行施工作业的，及时制止；当检查发现防水层局部破损时，及时安排人员进行补强修复处理；当防水层破损较严重时，应进行返工处理或由施工单位出处理方案，经设计单位、建设单位和管理单位认可后按处理方案进行处理。

2.11 地下室外墙防水保护层施工与验收

地下室外墙防水层施工完成后，为了防止后续室外土方回填作业及其他硬物对防水层的破坏，应及时进行防水保护层施工作业。在进行防水保护层施工作业时，也应采取措施保护好防水保护层免遭破坏。施工中常用的地下室外墙防水保护措施有粘贴厚度不小于30mm 的 XPS 挤塑板或砌筑厚度不小于 120mm 的防水层保护墙（防水层保护墙设计有规定时按设计规定施工）。如图 2-32、图 2-33 所示。

图 2-32　地下室外墙防水保护层采用 XPS 挤塑板粘贴施工
注：防水保护层施工应符合设计要求，设计图纸未明确防水保护层做法的，应请设计单位明确。

图 2-33　地下室外墙防水保护层采用砌筑防水墙施工
注：砌筑用砖表面应光滑顺直、无毛刺、无棱角，砌筑过程中采取措施防止硬物损伤地下室外墙防水层。

地下室外墙防水保护层施工质量验收可采用观察和检查隐蔽工程质量验收记录的方式进行。

2.12 地下室室外土方回填施工与验收

防水保护层施工完成后，在地下室主体结构和防水层已验收（当地下工程有外保温工程时，外保温工程也应进行验收）完成的情况下即可开始进行地下室室外土方回填施工作业。土方回填施工作业前，应熟读施工图设计文件，施工图设计文件一般会明确回填土质、回填土密实度等信息。了解施工设计意图后，土方回填施工作业前，应做好回填施工作业人员技术交底和安全技术交底工作，施工时按照土方回填专项施工方案进行。地下室室外土方回填施工质量验收时主要验收回填土的材质、密实度、分层回填厚度、含水率等，验收可采用观察和检查隐蔽工程质量验收记录的方法进行。地下工程周围 800mm 以内宜采用灰土、黏土或亚黏土回填，回填土中不得含有石块、灰渣、有机杂物以及冻土。设计有规定时按设计进行施工。土方宜分层回填夯（压）实，夯（压）实系数应符合设计要求。

地下室室外土方回填作业时，当回填基槽工作面狭窄，回填运土车辆及回填土方压实机械设备无法进入基槽内施工作业时，可采用手推斗车或塔式起重机配合吊物料斗的方式进行土方吊运工作，人工配合打夯机进行地下室室外土方回填打夯作业。

地下室室外土方回填施工处理得好，回填后的土层也相当于一层防水层，因此，应特别重视室外土方回填施工质量的控制。

2.13 地下室外墙防水工程施工常见问题解析

（1）问题1：地下室外墙混凝土导墙钢筋骨架未设置定位装置，外墙迎水面钢筋保护层垫块未设置或设置不到位，导墙混凝土浇筑完成后墙体竖向钢筋出现位移，钢筋骨架尺寸变小，迎水面钢筋保护层偏小或没有等现象。

问题解析：

1）施工作业前未对作业人员进行技术交底，施工质量意识淡薄；

2）监理单位监管不到位，上道工序未验收通过即同意进行下一道工序施工。

防范措施：地下室外墙钢筋绑扎施工作业前，施工单位应对施工作业人员做好技术交底工作，加强施工质量过程控制，现场发现问题及时解决。监理单位加强施工过程巡检和验收把控工作，对发现的问题及时要求施工单位进行整改，未经整改或整改不到位的不得进行下一道工序施工作业。

（2）问题2：地下室外墙后浇带施工缝处未进行凿毛处理即进行后续混凝土浇筑作业。

问题解析：

1）防水施工质量意识较差，混凝土浇筑作业前未进行班前技术交底；

2）为了施工方便，省略一些施工工序；

3）施工单位、监理单位管理人员监管不到位。

防范措施：混凝土浇筑作业前做好班前技术交底工作。施工单位、监理单位管理人员加强监督管理力度。施工作业人员应严格按照工序要求进行施工作业。

（3）问题 3：地下室外墙外表面基层及基层特殊部位未进行处理或处理不到位即进行后续防水层施工作业，后期防水层投入使用存在渗漏水隐患。

问题解析：

1）施工单位为了节约人工、材料的投入，私自取消掉一些看似不重要的工序；

2）施工单位、监理单位防水施工质量意识淡薄，施工监管不到位；

3）施工单位施工作业前未对施工作业人员进行技术交底。

防范措施：施工单位应加强防水施工质量意识，防水施工作业前应对施工作业人员做好班前技术交底工作，施工单位和监理单位管理人员加强防水施工监督把控工作。

（4）问题 4：地下室室外土方回填作业前，未做防水保护层或防水保护层安装不到位。

问题解析：

1）施工单位为了节约施工成本，私自取消掉防水保护层工序；

2）监理单位监管不到位；

3）为了赶工期，防水保护层未进行施工即进行地下室室外土方回填施工。

防范措施：施工单位应提高防水施工质量意识，地下室室外土方回填作业前应先做好防水保护层施工工作。监理单位做好监督管理工作，地下室室外土方回填作业前检查验收发现防水保护层未施工或施工不到位的，不允许施工单位进行地下室室外土方回填施工作业。

（5）问题 5：地下室外墙土方回填材料不符合设计规范要求，土方回填施工时未进行分层夯（压）实，回填土夯（压）实系数不符合设计要求。

问题解析：

1）地下室室外土方回填施工前，未熟读施工图设计文件，对土方回填施工工艺不了解；

2）施工单位未对土方回填作业人员做好班前技术交底工作，土方回填施工时，作业人员未按照技术交底要求和相关设计规范要求进行施工；

3）施工单位、监理单位管理人员监管不到位。

防范措施：土方回填施工作业前，施工单位应熟读施工图设计文件，掌握土方回填施工工艺流程和施工质量技术控制要点，回填施工时作业人员严格按照班前技术交底内容和相关设计规范要求进行土方回填施工作业。同时施工单位、监理单位管理人员加强对地下室室外土方回填施工的监督把控。

3 卫生间、厨房防水工程施工与验收

3.1 卫生间、厨房防水重要性

卫生间在整套房子中是与水接触最多的部位，也是日常生活中最重要的组成部分之一。卫生间防水工程对于整个环节要求都比较高，厨房、卫生间一般有较多穿过楼地面或墙体的管道，平面形状较复杂且面积较小，如果采用各种防水卷材施工，因防水卷材的剪口和接缝较多，很难粘结牢固、封闭严密，难以形成一个有弹性的整体防水层，比较容易发生渗水、漏水现象。因此，卫生间、厨房防水应从前期的准备、防水材质的要求、工程质量的要求、施工工艺的流程等开始抓起。总的来说，卫生间防水做法是否得当，影响着将来卫生间的使用寿命和舒适度，必须高度重视和严格实施。

3.2 卫生间、厨房聚氨酯防水涂膜防水施工

聚氨酯防水涂料主要是液体状，它分为焦油型和非焦油型两种。非焦油型涂料是目前市场上最常用的一种卫生间防水材料。它是用非焦油类的物质作固化剂，如以沥青、助剂及填充料组成的固化剂等。此类卫生间防水涂料分甲乙两组，甲组是固化剂，乙组是材料主要成分。这种材料质量稳定，污染小，耐老化性好，有良好的粘结性和憎水性。

3.2.1 卫生间、厨房聚氨酯防水涂膜防水施工工艺流程

基层处理→抹圆角→涂刷基层处理剂→附加层施工→防水层施工→蓄水试验→保护层施工。

3.2.2 基层处理

首先应将基层上的浮灰、油污、灰渣等清理干净。基层要做到不得有凸出的尖角、凹坑和起砂现象，不得有疏松、砂眼或空洞存在。在卫生间、厨房等周圈墙角处应使用1：2.5水泥砂浆将其抹成 $R=50\text{mm}$ 均匀光滑的小圆角。并保证基层不得有积水，方可进行下一道施工工序。实际施工中，在进行防水处理之前，一定先找平地面，如果地面不平，可能造成因防水涂料薄厚不均而导致的开裂渗漏。在涂刷涂料的时候，墙面的涂料难免会堆积到墙角。堆积的涂料多了一是影响干燥速度，二是有可能产生裂纹。墙体和地面不是一个整体，墙体是在地面结构层做好之后，在平面上建立立面。所以在两者的交接部位难免会有缝隙。因此管根、立面与平面等部位应抹成圆角。见图 3-1、图 3-2。

43

图 3-1　地漏处找坡

注：向地漏处找坡不得小于 5%，坡度过小或无坡容易造成积水。

3.2.3　穿楼面管道封堵

穿楼板管道应事先预埋套管及做出混凝土翻边，套管应高出建筑面层 150mm。套管与楼面接触的周边松动的混凝土应先清理干净，然后用细石混凝土进行封堵，立管周围应预留深 10mm、宽 20mm 的环形凹槽或斜坡槽，并嵌填密封材料或细石混凝土封堵，在立管周围预先增设一层附加层，选用聚合物乳液防水涂料涂刷成活，其宽度为 200mm，厚度约 2mm。然后用水泥砂浆抹平压实。见图 3-3～图 3-6。

图 3-2　地漏处未做圆角

图 3-3　管道用密封材料封堵

注：管道周围用密封材料封堵，同时用美纹胶带对管口进行封堵，防止发生堵塞。

图 3-4　卫生间预留套管

注：卫生间预留套管应高出地面 20～30mm，并做好封堵。

3.2.4　涂刷基层处理剂

待基层处理完以后，将基层彻底清理干净。应涂刷基层处理剂，聚氨酯甲、乙组分和二甲苯按 1∶1.5∶2 的比例（质量比）配合搅拌均匀，再用长把滚刷蘸满该混合料，均匀

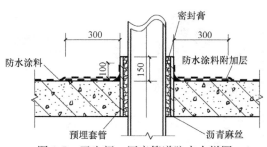

图 3-5 卫生间、厨房管道防水大样图

图 3-6 卫生间管根附加层

注：防水层施工前应对管根用细石混凝土防护，并抹成小圆角。

地涂刷在基层表面上。涂刷时不得漏刷或露白见底，涂刷量以 0.2kg/m² 左右为宜。涂刷后应干燥 5h 以上，方能进行下一道工序的施工。见图 3-7。

3.2.5 防水层施工

（1）卫生间大面积涂刷前应先在管根、地漏、四周墙根处周围涂刷一道涂料附加层，管道周围涂刷 300mm，墙角处墙高及楼板水平方向各涂刷 150mm。待干到不粘手时，开始整体涂刷防水涂膜。各整体防水层在墙根处上卷高度以图纸设计为准，上卷高度通常为不低于 250mm（依据《住宅室内防水工程技术规范》JGJ 298—2013）。见图 3-8、图 3-9。

图 3-7 卫生间涂刷基层处理剂

图 3-8 卫生间管根做附加层

注：防水层施工前，应对管根部位涂刷一遍聚氨酯防水涂料作为附加层。

图 3-9 卫生间阴、阳角做附加层

注：卫生间阴、阳角刷一遍聚氨酯防水涂料作为附加层，并做好检查验收。

地漏上口四周 10mm×15mm 用油膏密封，上面涂刷聚氨酯防水涂料。由于混凝土凝固时有微量收缩，而铸铁地漏口大底小，外表面与混凝土接触处容易产生裂缝。为了防止地漏周围渗水，最好将地漏加以改进，在原地漏的基础上加铸铁防水托盘，以提高卫生间的防水质量。见图3-10、图3-11。

图 3-10　卫生间地漏涂刷聚氨酯　　　　　　图 3-11　管根部位做附加层

注：地漏应低于排水地面表面5mm，地漏处的汇水口应呈喇叭口形，汇水性好，确保排水通畅。

（2）聚氨酯防水涂料应随用随配，配制好的混合料宜在2h内用完。配制方法是将聚氨酯甲、乙组分及二甲苯按1∶1.5∶0.2的比例配合，注入拌料桶中，用电动搅拌器强力搅拌均匀备用（约5min）。聚氨酯防水涂料分为单组分聚氨酯防水涂料和双组分聚氨酯防水涂料。由于过去的防水涂料只需要简单地涂刷就可以，而现在的新型防水涂料多为双组分，甚至是三组分的，因此施工前应对防水涂料调配比例做好技术交底，如果不按比例调配，调配出来的防水涂料就可能达不到原有的效果。见图3-12～图3-14。

单组分聚氨酯防水涂料

- 与空气中的水分反应固化成膜
- 涂膜应多遍涂刷成膜
- 基层应干燥
- 为单一组分产品，在施工现场开盖即用，方便快捷

图 3-12　单组分聚氨酯防水涂料

双组分聚氨酯防水涂料

- 与固化剂反应固化成膜
- 双组分适合厚涂，涂膜密实
- 对基层湿度要求不苛刻
- 需现场按照A组分与B组分的比例进行配料，但固化快，施工效率高

图 3-13　双组分聚氨酯防水涂料

图 3-14　聚氨酯搅拌

注：配制好的涂料应在 3h 内用完，干固的涂料不得加水搅拌再用。

（3）第一层涂膜：用滚刷刮涂配制好的混合料，按顺序均匀地涂刷在基层处理剂已干燥的基层表面上，涂刷时要求厚薄均匀一致，涂刷量平面基层以 0.6mm 为宜，立面基层以 0.5～0.6kg/m² 为宜，涂刮时用力要均匀一致。平面或坡面施工后在防水层未固化前不应踩踏，涂抹过程中要留出施工退路。宜从前向后退着涂刷聚氨酯，实际施工中要注意涂刷聚氨酯防水层时要待前一层涂膜固化干燥后进行，并应先检查其上有无残留的气孔或气泡。见图 3-15、图 3-16。

图 3-15　防水层涂刷时间

注：实际施工中用手触摸不粘手即可进行下一层涂刷。

（4）第二层涂膜：涂完第一遍涂膜后，一般需固化 5h 以上，用手触摸基本不粘手时，再按上述方法涂刷第二遍，涂刷方向应互相垂直，厚度控制在 0.7mm 左右，涂刷顺序为先立面后平面。见图 3-17。

（5）第三层涂膜：第二层涂膜固化后，仍按前两遍的材料配比搅拌好涂膜材料，进行第三遍刮涂，厚度应控制在 0.7mm 左右，涂膜总厚度按照设计要求控制在 2mm 左右；刮涂量以 0.4～0.5kg/m² 为宜，涂完之后未固化时，可在涂膜表面稀撒干砂，以增加与

图 3-16 卫生间聚氨酯防水涂刷

注：涂刷时要求厚薄均匀一致，严禁防水涂刷一遍成活，应多次涂刷并控制每层涂刷厚度。

图 3-17 卫生间聚氨酯第二遍涂刷

注：涂层涂刷应均匀，两层之间应相互垂直涂刷，立面与平面交接处应涂刷均匀不得有气泡。

图 3-18 卫生间立面防水涂刷

注：卫生间防水应先涂刷阴阳角，先涂刷立面后涂刷平面，并且每道涂刷相互垂直。

水泥砂浆保护层的粘结力。如果卫生间有淋浴房，应将防水高度做到 1800mm；如果有浴缸，与浴缸相邻的墙面防水高度应比浴缸高处 300mm。实际施工中为了使防水涂料能与墙面很好地融合在一起，加强防水效果，因此在防水涂料涂刷完之后需要晾一段时间再进行后续的施工。见图 3-18。

3.2.6 防水层的蓄水试验

蓄水试验分两次进行，第一次为防水层施工完毕以后，必须经过验收合格后，进行蓄水试验；第二次为地面面层施工完成后再进行一次蓄水试验，试验时间为 24h 以上。自顶板下方观察管道周边及其他墙边角处等部位无渗水、湿润现象。经监理单位、建设单位验收合格后做隐蔽验收记录。

3.3 卫生间、厨房 JS 防水涂料防水施工

JS 复合防水涂料，是以高分子共聚物为主要成膜物，以水性及惰性粉剂为填料，经现场组合而成的防水涂料。它是一种既具有有机材料弹性高，又具有无机材料耐久性好等优点的新型材料，俗称 JS 复合涂料，涂覆后可形成高强坚韧的防水涂膜。

3.3.1 卫生间、厨房 JS 防水涂料防水施工工艺流程

基层清理→涂刷基层处理剂→细部附加层施工→涂刷第一层防水层→涂刷第二层防水

层→涂刷第三层防水层→防水层蓄水试验→施工保护层。

3.3.2 基层清理

防水层施工前基层必须用1∶3水泥砂浆抹找平层，要求抹平压光无空鼓，表面坚实，不应有起砂、掉灰现象。抹找平层时，管道根部周围200mm范围内在原标高基础上提高10mm向地漏处找坡，避免管道根部积水，在地漏的周围做成5mm左右的向地漏方向找坡。施工时要把基层表面杂物等清扫干净。同时要保证基层干燥，否则防水层施工后会出现起泡、裂缝等质量通病。见图3-19、图3-20。

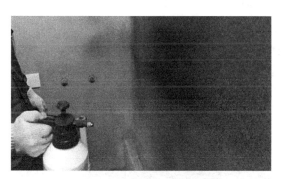

图 3-19　基层浇水润湿

注：防水涂刷前应浇水润湿，但不得有积水。

图 3-20　墙面灰尘清理

注：墙面灰尘必须清理干净，否则防水施工完成后容易出现粘结不牢、脱落等现象。

3.3.3 细部附加层

卫生间防水层大面积施工前，地面的地漏、管根、出水口等根部，阴、阳角等部位，先做一布二油防水附加层，两侧搭接宽度不得小于200mm，均匀涂刷，刷第一遍4h后刷第二遍，12h后，即可进行大面积施工。地面与墙面交接处，涂膜防水墙面上翻高度应以图纸设计为准，上翻高度通常不小于250mm（依据《住宅室内防水工程技术规程》JGJ 298—2013）。见图3-21～图3-23。

3.3.4 JS复合涂料的涂刷

用滚刷或油刷将配制好的JS复合涂料均匀地涂刷在涂刷过基层处理剂的表面部位。涂刷量为0.9kg/m²，涂刷时不得漏涂，涂刷厚度要均匀一致，一般控制在0.5mm。第二、三遍JS复合涂料的涂刷：在第一遍涂膜固化后（一般控制在12h），再按上述配比和方法涂刷第二、三遍涂膜。对于平面部位后一遍应与前一遍的涂刷方向相垂直，涂刷量与前一遍相

图 3-21　卫生间采用JS涂料做附加层（一）

注：防水层施工前，应在管道周围200～300mm范围内涂刷JS涂料作为附加层。

49

图 3-22　卫生间采用 JS 涂料做附加层（二）

注：防水层向墙面上翻高度不得小于 250mm 或不得小于图纸设计高度。

同。三遍涂刷完成后，涂刷总厚度不应小于 1.5mm。实际施工中 JS 搅拌应由专人控制，同时做好技术交底，禁止在乳液中加水，搅拌应均匀，JS 配合比必须严格控制，必须分层施工，当上一遍 JS 不粘手时，可进行下一遍涂刷，保证防水层厚度及防水涂膜的弹性。JS 防水加强层应分遍施工，保证防水厚度及质量。见图 3-24。

涂膜防水层的平均厚度为1.5mm，最小厚度不应小于1.0mm，采用针测法或取样量测，先做较远的，后做较近的，使操作人员不过多踩踏已完工的涂膜。

图 3-23　卫生间地漏做附加层

注：防水层施工前，应在地漏周围 200～300mm 范围内涂刷 JS 涂料作为附加层。

图 3-24　防水涂料涂刷

3.3.5　防水质量验收及闭水试验

（1）JS 复合涂料防水材料验收，检查外观有无杂质和结块的粉末等，查看检查报告中拉伸强度、低温柔性等是否符合设计要求。

（2）JS 复合涂料防水施工前应对基层进行验收，重点检查基层灰土、灰渣及凸出物是否清理干净，管根、地漏封堵前是否清理干净及抹圆角是否过小或未抹圆角。实际施工中由于管理不到位经常出现抹圆角不规范和不抹圆角直接涂刷防水涂料现象，防水施工完成后还应检查防水涂刷是否均匀，转角位置是否出现开裂等现象，见图 3-25。

（3）JS 复合涂料涂刷完毕且完全固化后，应现场对防水涂层取样检查涂层厚度是否符合设计要求，涂层取样大小为 40mm×20mm，取样完成后应立即进行修补。防水层厚度验收合格后应对管道、地漏进行封堵，然后防水进行闭水试验。24h 后观察管道根部、

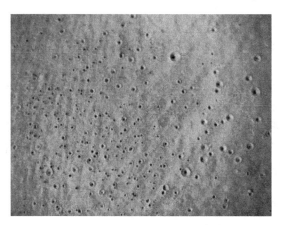

图 3-25　防水出现大量气泡

注：防水施工前不注重基层清理或是基层有积水，干燥程度不符合
设计要求，出现大量气泡，存在渗漏隐患。

地漏部位有无渗漏情况。如果有渗漏情况，应及时处理维修。见图 3-26～图 3-29。

图 3-26　防水层现场取样

图 3-27　现场实测涂层防水厚度

注：防水涂层施工完成后，应现场对涂层立面、
平面进行取样检查涂层厚度，立面涂
层厚度不得低于 1.2mm，地面涂
层厚度不得低于 2mm。

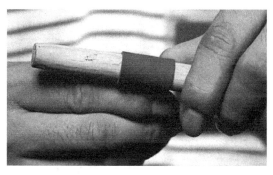

图 3-28　防水层检测

注：将取样防水层绕 10mm 圆棒一周，
防水层未出现裂口，为合格。

图 3-29　卫生间闭水试验（JS 复合涂料防水）

注：24h 观察无渗漏为合格，蓄水高
度不得小于 20mm，验收
合格后应及时进行成品保护。

3.4 卫生间、厨房聚乙烯丙纶复合防水卷材防水施工

聚乙烯丙纶复合防水卷材是以原生聚乙烯合成高分子材料加入抗老化剂、稳定剂、助粘剂等与高强度新型丙纶涤纶长丝无纺布，经过自动化生产线一次复合而成的新型防水卷材。该产品是在充分研究现有防水、防渗类产品的基础上根据现代防水工程及对防水、防渗材料的新要求研制而成的。该产品是选用多层高分子合成片状材料，采用新技术、新工艺复合加工制造的一种新型防水材料。

3.4.1 卫生间、厨房聚乙烯丙纶复合防水卷材施工工艺流程

管根封堵→基层处理、基层验收→配制胶粘剂→细部处理、铺贴附加层→施工防水层→缝边处理→防水层24h闭水试验→防水验收交付。

3.4.2 管根封堵

卫生间、厨房管道安装完成后，应用细石混凝土进行封堵，管道安装时应采用定型橡胶管扣套在要安装的管道上，管道垂直度校正后，用502胶将橡胶管扣固定在底板上，然后将管道口周围200mm范围内清理干净，向管口内塞填细石混凝土进行封堵，并振压密实做到表面光滑。见图3-30～图3-32。

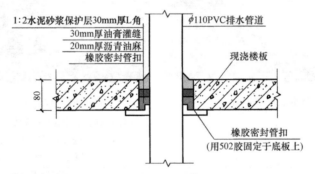

图 3-30　采用定型橡胶密封管进行管道封堵示意图

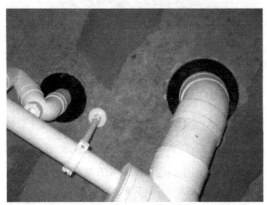

图 3-31　采用定型橡胶密封管进行管道封堵实例

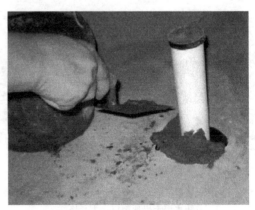

图 3-32　用细石混凝土封堵
注：管根封堵前周围必须清理干净。

卫生间、厨房管道一般做法是在管道底部支模，然后直接用细石混凝土振压密实封堵。见图 3-33。

图 3-33　卫生间管道采用细石混凝土封堵

3.4.3　基层清理

基层（找平层）用水泥砂浆抹平、压实，应平整、不起砂。基层过于干燥时应适当喷水潮湿，基层泛水坡度宜为 2%，不应有积水。卫生间基层遇转角处等部位用水泥砂浆抹成直角。与基层相连接的管件、卫生洁具、地漏等应在防水层施工前安装完毕，接口处用密封材料填封密实。见图 3-34、图 3-35。

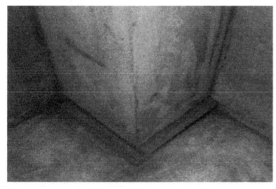

图 3-34　卫生间烟道封堵　　　　　图 3-35　地面与立面抹圆角

管道安装封堵完成后，应对基层进行清理，基层应无浮浆、无起砂、无裂缝等。基层清理验收合格后，阴阳角防水施工增设附加层（用聚乙烯丙纶卷材剪开后粘贴），附加层在立面和平面上的尺寸不应小于 100mm。管道附加层应以 $D+200$mm 为边长，裁卷材为正方形，在正方形卷材中心以 $D-5$mm 为直径画圆，用剪刀沿圆周边剪下，在已裁好的正方形卷材和管根部位，分别涂刷粘结料，将卷材套粘在管道根部，卷材紧贴在管壁上，粘贴必须严密压实不空鼓。实际施工中，管道部位卷材铺贴不注重裁剪，随意用下脚料进行铺贴，造成管根部位接缝较多，造成后期容易发生漏水。卫生间防水施工前，应做好技术交底，特别是附加层卷材裁剪，应进行优化，减少拼缝的出现，严禁使用下脚料进行随意铺贴。见图 3-36~图 3-38。

　　按粘贴面积将预先裁剪好的卷材铺贴在墙面、地面，铺贴时不应用力拉伸卷材，不得出现折皱。用刮板推擀压实并排除卷材下面的气泡和多余的防水粘结料浆。见图 3-39。

聚乙烯丙纶上翻高度不得小于250mm或不得低于图纸设计要求高度。

图 3-36　采用聚乙烯丙纶做管道附加层

图 3-37　立面与地面处做附加层

实际施工中为了避免墙根部渗漏，应将聚乙烯丙纶上翻不小于250mm，同时为了保证接缝质量，地面与墙面防水层搭接宽度不得小于80mm。

图 3-38　卫生间聚乙烯丙纶立面施工

防水涂刷应涂刷均匀，严禁纤维布外露，不得漏刷。

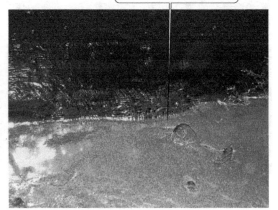

图 3-39　纤维布外露

3.4.4　卫生间聚乙烯丙纶防水质量验收

　　（1）材料进场验收：聚乙烯丙纶卷材及其配套材料，必须符合设计要求。主要检查出厂合格证、质量检验报告和现场抽样复验报告。查看质量检测报告中聚乙烯丙纶的规格、型号、厚度及其他物理性能是否符合设计要求。同时现场实测聚乙烯丙纶厚度是否低于设计要求，实际施工中往往出现以次充好的现象。防水材料是保证卫生间防水层质量的基础，严禁使用不合格材料。

（2）施工过程中防水层质量验收：基层清理完成后应进行验收，主要检查有无灰尘、灰渣及找平层有无空鼓开裂，地面与墙面处是否按设计要求抹圆角，地漏处找坡是否符合设计要求等。地漏处排水坡度，从地漏边缘向外 50mm 内排水坡度为 5%。卫生间地面应有 1%~2% 坡向地漏的坡度，地面不得有积水或渗漏现象，聚乙烯丙纶卷材的搭接缝应粘结牢固，密封严密，不得有折皱、翘边和鼓泡等缺陷。防水层的收头应与基层粘结并固定牢固，不得开口、翘边。同时，聚乙烯丙纶的搭

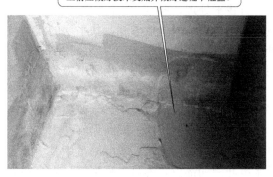

图 3-40　卫生间聚乙烯丙纶施工（一）

接宽度不得小于 100mm（依据《住宅室内防水工程技术规范》JGJ 298—2013）。见图 3-40～图 3-42。

图 3-41　卫生间聚乙烯丙纶施工（二）

图 3-42　闭水试验不合格

3.5　卫生间、厨房氯丁橡胶沥青防水涂料施工

氯丁橡胶沥青防水涂料是新型的沥青防水涂料。氯丁橡胶沥青防水涂料改变了传统沥青低温脆裂、高温流淌的特性，经过改性后，不但具有氯丁橡胶的弹性好、粘结力强、耐老化、防水防腐的优点，同时集合了沥青防水的性能，组合成强度高、成膜快、防水强、耐老化、有弹性、抗基层变形能力强、冷作施工方便、不污染环境的一种优质防水涂料。

3.5.1　卫生间、厨房氯丁橡胶沥青防水涂料施工工艺流程

基层处理→涂刮氯丁橡胶沥青水泥腻子→刷第一遍防水涂料→细部构造和加强层→铺贴玻璃丝布同时刷第二遍防水涂料→刷第三遍防水涂料→刷第四遍防水涂料→蓄水试验。

3.5.2　基层处理

先检查基层水泥砂浆找平层是否平整，卫生间防水基层应采用 1∶2.5 或 1∶3 水泥砂浆进行找平处理，厚度 20mm，找平层应坚实无空鼓，这样可以避免防水涂料因薄厚不均或防水涂料露底而造成渗漏，找平层的流水坡向和坡度应符合设计要求，流水畅通无积水处。基层有坑凹处时，用水泥砂浆找平，用钢丝刷扁铲将粘结在面层上的浆皮铲掉，最后用扫帚将尘土扫干净，防止出现空鼓、翘边等现象。实际施工过程中经常出现基层清理不干净，灰尘过多或灰渣清理不到位，防水层涂刷后不能与基层充分粘结，防水层成膜后，轻轻撕扯就造成大面积脱落，主要原因就是因为基层灰尘过多未清理干净。所以在施工过程中基层必须清理干净，同时做好技术交底，注重施工过程中检查。基层验收合格后，方可进行下一道工序施工。实际施工中基层既需要清理也需要修补，墙面有孔洞的地方特别是水电开槽的部位，容易出现裂缝，对存在裂缝的地方需要在防水涂刷前进行修补。

3.5.3　基层满刮氯丁橡胶沥青水泥腻子

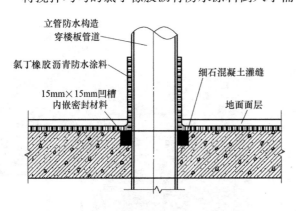

图 3-43　卫生间处楼面管道封堵

将搅拌均匀的氯丁橡胶沥青防水涂料倒入小桶中，掺少许水泥搅拌均匀，用刮板将基层满刮一遍。管根和转角处要后刮并抹平整。阴角、阳角先做一道加强层，即将玻璃丝布（或无纺布）铺贴于上述部位，同时用油漆刷刷氯丁橡胶沥青防水涂料。要贴实、刷平，不得有折皱。管道根部也是先做加强层。可将玻璃丝布（或无纺布）剪成锯齿形，铺贴在套管表面，上端卷入套管中，下端贴实在管道根部平面上，同时刷氯丁橡胶沥青防水涂料，贴实、刷平。见图 3-43～图 3-45。

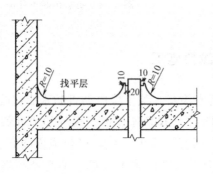

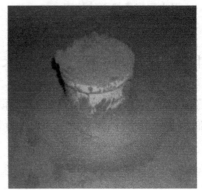

图 3-44　卫生间处楼面管道抹圆角

3.5.4　刷第一遍防水涂料

根据每天使用量将氯丁橡胶沥青防水涂料倒入小桶中使用，下班时将余料倒回大桶内保存，防止干燥结膜影响使用。待基层氯丁橡胶沥青水泥腻子干燥后，开始涂刷第一遍防水涂料，用油漆刷或滚动刷蘸涂料满刷一遍，涂刷要均匀，表面不得有流淌堆积现象。见图 3-46。

地漏等细部构造是渗漏的多发地带，防水层施工前应提前做好附加层。

图 3-45 卫生间地漏涂刷附加层

图 3-46 卫生间防水涂料涂刷均匀

注：施工时，第二遍防水涂料应待第一遍干燥后再进行涂刷，否则水分不能充分挥发，容易引起气泡，影响防水效果。

3.5.5 铺贴玻璃丝布同时刷第二遍防水涂料

细部构造层做完之后，可进行大面积涂布操作，将玻璃丝布或无纺布卷成圆筒，用油漆刷蘸涂料，边刷边滚动玻璃丝布或无纺布卷，边滚边铺贴，并随即用毛刷将玻璃丝布或无纺布碾压平整，排除气泡，同时用刷子蘸涂料在已铺贴好的玻璃丝布或无纺布上均匀涂刷，使玻璃丝布或无纺布牢固地粘结在基层上，不得有漏涂和折皱。如用无纺布做附加层应在水中浸泡一段时间。一般平面施工从低处向高处做，按顺水接茬从里往门口做，先做水平面后做垂直面，玻璃丝布或无纺布搭接不小于 100mm。见图 3-47、图 3-48。

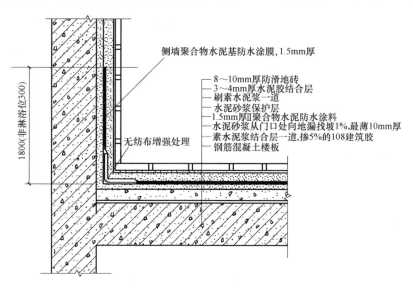

侧墙聚合物水泥基防水涂膜，1.5mm厚

8～10mm厚防滑地砖
3～4mm厚水泥胶结合层
刷素水泥浆一道
水泥砂浆保护层
1.5mm厚Ⅱ聚合物水泥防水涂料
水泥砂浆从门口处向地漏找坡1%，最薄10mm厚
素水泥浆结合层一道，掺5%的108建筑胶
钢筋混凝土楼板

1800(非淋浴位300)

无纺布增强处理

图 3-47 地面与墙面防水做法示意图

3.5.6　刷第三遍防水涂料

待第二层防水涂料干燥后，用油漆刷或滚动刷满刷第三遍防水涂料。第三遍防水涂料干燥后，再满刷最后一遍防水涂料，表面撒一层粗砂，以增强粘结，干透后做蓄水试验。地漏管根与混凝土之间应留凹槽，槽深 10mm、宽 20mm，槽内嵌填密封膏；从地漏边缘向外 50mm 内排水坡度为 5%。见图 3-49～图 3-51。

卫生间管道涂刷附加层上翻高度不得低于300mm,管棍部分涂刷遍数至少3遍,地漏应低于地面10mm左右,排水流量不能太小,否则容易造成阻塞。

图 3-48　卫生间管道涂刷附加层

实际施工经常出现地漏周围无坡或坡度较小造成排水不畅。

图 3-49　卫生间地漏处防水做法

图 3-50　卫生间防水立面涂刷

注：待上一层干燥后，方可进行下一层防水涂刷，涂膜中的水分也会对涂膜造成破坏。

图 3-51　防水高度应涂刷整齐

注：防水涂刷前，应弹出基准线，确定防水涂刷高度，用美纹胶带粘贴完成后进行涂刷，确保涂刷高度一致。

3.5.7　防水质量验收及闭水试验

防水层涂刷完毕且验收合格后，将地漏堵塞，蓄水 20mm 高，时间不少于 24h，若无渗漏为合格，可进行面层施工。氯丁橡胶沥青防水涂料的涂布遍数和玻璃丝布或无纺布的层数，均根据设计要求去操作。如果有渗漏的地方，维修后还应进行第二次闭水试验。涂膜防水全部施工完成后，应对其进行成品保护，防止施工人员施工中破坏防水层。实际施工过程中特别是住宅工程，由于卫生间过多以及其他工序施工会造成防水层被破坏，所以应加强防水层的成品保护。见图 3-52、图 3-53。

闭水试验不合格，穿楼面管道部位渗漏，防水施工应加强此部位质量控制。

图 3-52　卫生间闭水试验（氯丁橡胶沥青防水）

图 3-53　穿楼面管道部位渗漏

注：在做闭水试验前要确认涂膜充分干燥，涂膜
　　有较好的强度和韧性。指压涂膜时能明显
　　感觉到弹性为主要参考。并应从顶板
　　下方观察有无渗漏、渗水等现象。

3.6　卫生间、厨房防水细部构造及质量控制要点

3.6.1　卫生间、厨房防水细部构造

卫生间防水层的阴、阳角及管根部位是渗漏的多发地带，所以实际施工中必须在这些部位增设附加层，附加层可以用聚乙烯丙纶卷材剪开后粘贴形成，也可以用其他防水涂料做附加层，附加层在地面的宽度与在墙面的高度不应小于100mm，以确保防水层质量。

卫生间四周墙体除门口外，应整体一次性浇筑混凝土上翻边（混凝土坎台），其高度距建筑地面不应小于200mm，宽同墙厚，混凝土强度等级不应小于C20。见图3-54。

墙面与地面的防水层在门口处应向水平方向延展，且延展的长度不得小于500mm，向两侧延展的宽度不应小于200mm。见图3-55。

所有管件、地漏或排水口等必须安装牢固，接缝严密，收口圆滑，不得有任何松动现象。地漏或排水口部位应低于整个防水层，以便排除积水，地漏周围坡度不得小于5%。见图3-56。

卫生间坎台应振捣密实，强度不得低于C20。

图 3-54　卫生间坎台

管根孔洞、烟道定位安装完成后，楼板四周用1:3水泥砂浆封堵，缝隙过大时应采用细石混凝土封堵，管根与混凝土之间应留有凹槽，槽深10mm、宽20mm，槽内用密封

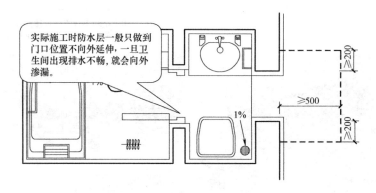

图 3-55　卫生间地面门口处防水做法

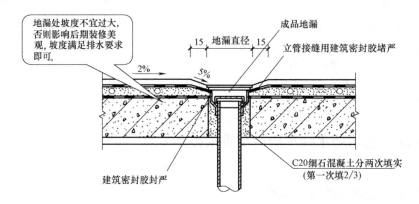

图 3-56　卫生间地漏细部构造

材料封堵。封堵完成后，涂刷防水涂料做防水附加层。防水附加层应沿管根部向上翻不小于 250mm。见图 3-57～图 3-59。

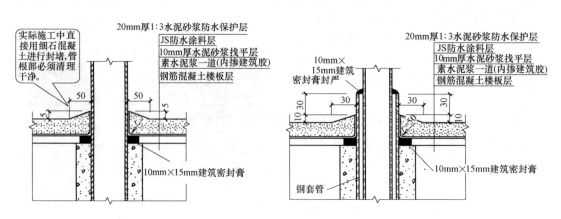

图 3-57　管道封堵做防水附加层示意图　　图 3-58　管道预埋套管封堵做防水附加层示意图

采用止水节预埋套管新工艺，主要由管件主体、止水翼环、底部双层内插式承口、固定支座以及管帽等组成。多层带沟槽止水翼环能够大大增加排水预埋件与混凝土之间的接触长度和接触面，较为粗糙的表面使之更加紧密结合，杜绝积水渗漏；底部双层内插式承口用于下部排水管与之相连接，形成排水系统；固定支座上有用于将预埋件固定在大模板上的孔；管帽则能够保护预埋件中不被撒入污物和建筑垃圾，防止管道堵塞和污染。见图3-60。

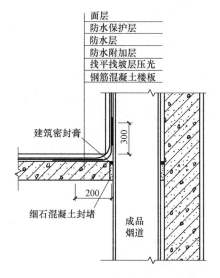

图 3-59　烟道封堵做防水附加层示意图

图 3-60　楼面管道采用新工艺

地面与墙面连接处，防水层应沿墙面上翻300mm以上，有淋浴设施的卫生间墙面防水层高度不得低于1800mm。见图3-61。

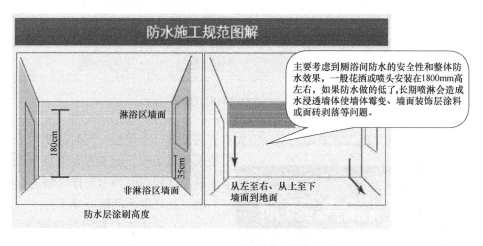

图 3-61　卫生间淋浴部分防水做法示意图

3.6.2　卫生间、厨房防水质量控制要点

（1）防水施工前应制定合理的施工方案，坚持样板引路，防水工程设计一般只是对材料及工程设计的总体要求进行规定，在施工前，还需要根据现场的具体环境及具体部位提出相应的操作要求，制定具体指导施工的施工方案，并认真实施。见图3-62～图3-64。

（2）防水施工是造成房屋渗漏的最关键因素，施工质量的好坏直接影响防水的寿命。

若施工中不按规范和施工方案施工、对工序的质量控制不重视，则易导致渗漏。在一些边

图 3-62　卫生间防水样板引路

注：卫生间防水施工前应先做样板，样板验收合格后，方可大面积进行施工。

图 3-63　防水高度

注：防水高度应按设计要求在涂刷前弹出基准线，在涂刷范围内粘贴美纹胶带，确保涂刷高度平齐。

图 3-64　防水涂刷完成效果

角口操作难度大的地方施工方案的编制一定要具有可施性、指导性，同时还要对工人做好

图 3-65　厕浴防水被破坏

注：防水施工前，水电管道应提前预埋，应严格按照施工方案进行施工，严禁破坏防水。

技术交底工作。施工方案中要合理编制施工进度计划和劳动力安排计划，以免因抢工期、赶进度不能精心施工。

（3）对防水材料进场做好见证取样，出具原材料生产证明文件检测报告等。管道施工应首先抓好上下水管道穿楼板预留洞的位置。要认真核对图纸，依据图纸准确定位，将上下水管道纵横向尺寸和上下水管道之间的距离掌握准确，并认真配合土建施工，不能遗漏，避免剔凿楼板。个别上下水管道预留洞如偏离预留位置，应尽早调整。见图 3-65。

（4）全部管道安装完成并确认无改动

后开始楼层吊模堵洞。首先检查孔洞状况，孔洞如过小应适当剔凿，保证管道与孔洞边缘有30～50mm的缝隙，并清理掉松散碎渣和碎块。适当清洗孔洞，使其无浮尘、无油渍，保证新老混凝土接茬良好。用多层板制作模板，模板呈两个半圆洞（孔洞大于管外径5mm），将两块模板卡在管道上（半圆洞和管道之间宜粘海绵条，防止漏浆），下面背上小木方，用14号铁丝吊紧在楼板下。混凝土浇筑前应对洞口充分浇水湿润，并用素水泥浆涂刷，混凝土浇筑分两次进行，第一次初凝后再刷素水泥砂浆，再进行灌注，浇筑时应振捣密实。对管道及墙角处用细石混凝土加厚。禁止填塞砖石、混凝土块，混凝土浇筑后浇水养护不少于7d。待表面干燥后用防水油膏嵌填。见图3-66、图3-67。

图 3-66　基层修补
注：基层既需要清理也需要修补，对墙面存在的
孔洞部位需要在防水施工前进行修补。

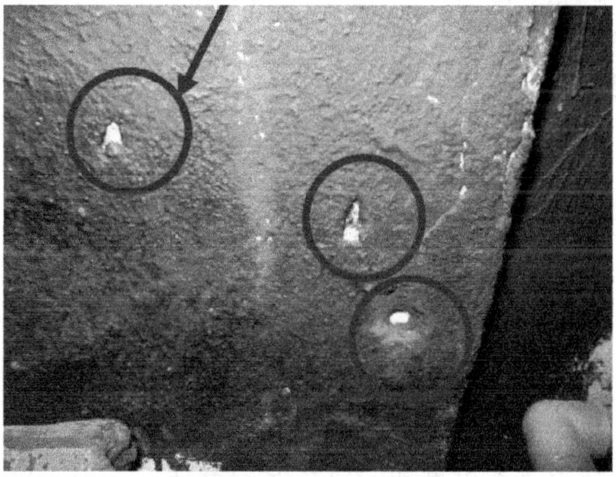

图 3-67　基层未进行处理
注：基层未清理即进行防水涂刷，造成防
水涂刷后存在孔洞，出现渗漏隐患。

（5）抹找平层宜采用防水砂浆。抹前基层应清理干净，并提前浇水湿润，但不得有积水。找平层应平顺、不空鼓、不开裂并应找好坡度。

沿墙角处做不小于$R=50$mm的圆弧。所有穿楼板管道根部均应做不小于$R=50$mm的圆角。基层应干燥，含水率控制在9％左右，涂料施工温度以10～30℃为宜，以选择晴朗干燥的天气涂刮为好。先涂布一层底涂，待底涂固化后进行防水涂层施工。防水涂层每次涂刷厚度应控制在0.5mm左右，不应大于1mm。第二次刮涂方向与第一次刮涂方向垂直。涂膜层表面应做保护层。墙面涂层高度一般不应低于300mm，蹲便器部位不应低于400mm，浴缸处不应低于700mm，淋浴部位不应低于1800mm（依据《住宅装饰装修工程施工规范》GB 50327—2001）。见图3-68、图3-69。

地漏、下水口处涂膜应严格按操作规程要求施工。地漏、下水口管壁应清理干净，使涂膜粘结牢固，并深入口内不应小于10mm。保护层施工前严禁上人踩踏，严禁磕、碰、砸、撞，如发现破损应及时修补。厨房是整套房子中的第二防水重点，因为洗菜、洗厨具都会不同程度地有水溢出。长期容易造成水沿着地漏的缝隙渗漏，因此厨房也需要做防水保护，一般建议厨房地面及墙体翻300mm做防水，在安置洗菜盆的墙体翻1500mm设置防水保护层最佳。

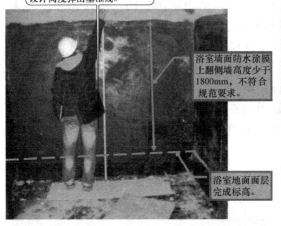

施工前应做好技术交底，依据设计高度弹出基准线。

浴室墙面防水涂膜上翻侧墙高度少于1800mm，不符合规范要求。

浴室地面面层完成标高。

图 3-68　防水涂刷高度应一致

图 3-69　防水涂刷厚度低于设计要求
注：防水涂刷厚度小于设计要求的1.5mm。

3.7　成品保护措施

成品保护措施贯穿从样板间开始施工到样板间验收的全过程，成品保护应与施工工艺及工期安排相结合，全过程、全方位认真做好保护措施。参与工程施工和管理的全部人员都负有不可推卸的成品保护责任。下道工序施工时要采取相应的成品保护措施保护已完工序的成品，同时将成品保护与经济挂钩，保护好的奖励，损坏者重罚。做到"全员管理、全员负责"。现场成立成品保护小组，加强职工教育，提高工人成品保护意识，从思想上做到人人爱护成品，尊重他人的劳动成果。对破坏施工现场成品的人员，若被发现或被看护人员逮住应按照施工现场的奖罚规定进行处理。

防水层作业过程中尽量保护成品完整，禁止现场人员在工作面上乱踩，或尖锐器具扎破防水层。如发现有破损之处应及时修补。施工时，不允许防水材料污染已做好饰面的墙壁及卫生洁具等设施。操作人员应严格保护已做好的防水层，按规定的施工程序及时做好保护层。在做保护层之前，任何人员不得进入施工现场，以免破坏防水层。地漏等排水口要防止杂物堵塞，以确保排水畅通。质量验收完毕，卫生间防水工程竣工后应封闭室门，保持完整工程交下一工序接收，不得随意凿眼打洞破坏防水层。

3.8　安全防护措施

建立安全生产责任制，对作业人员进行安全施工教育。作业人员必须严格遵守施工现场的各项安全规章制度，严格按操作规程施工。施工人员进入现场必须戴安全帽，作业人员要配备相应的劳保用品。作业面应有足够的照明及良好的通风。防水材料存放应远离火源，防止发生火灾。防水卷材为易燃品，存放材料的仓库或地点以及施工现场严禁烟火，同时应备有消防器材，并设专人负责。使用电器设备时，应首先检查电源开关，机具设备（电动搅拌器等）使用前应先试运转，确定无误后，方可进行作业。作业人员现场施工完毕，应做到工完、料净、场清。经检查无渗漏和隐患后再撤离现场。

4 屋面防水工程施工与验收

4.1 屋面防水工程简介

4.1.1 屋面防水工程的重要性

屋面工程包括屋面防水工程和屋面保温隔热工程，是房屋建筑的一项重要分部工程，其施工质量的优劣将直接影响到建筑物的使用寿命。同时屋面防水工程又是质量验收的重要一环，在施工中必须引起充分的重视。屋面防水工程的整体质量要求是：不渗不漏，保证排水畅通，使建筑物具有良好的防水和使用功能。设计时应根据建筑物性质、工程特点、重要程度和使用功能进行防水设防。由于目前防水材料品种繁杂、性能各异，适用范围不同且价格相差悬殊，因此要本着"因地制宜、按需选材、防排结合、刚柔并济、整体密封"的原则进行屋面防水设计和选材。要根据当地的最高和最低气温、日温差、屋面坡度、防水层形式（外露或非外露）以及结构大小等具体情况，选用适宜的防水材料，确定相应的施工方案。渗漏水治理工程施工是一项技术性强、标准要求高的防水材料再加工过程，因此必须由经过专业技术培训、熟悉施工规范和防水材料性能特点及适用范围的训练有素的专业防水施工队伍进行施工。在施工过程中必须严格遵守国家标准规范，认真贯彻执行工艺标准，一丝不苟、精心操作，这样才能确保工程质量。

加强管理维护是降低屋面渗漏率和延长防水层使用年限的重要措施。屋面防水工程竣工验收后在长期的使用过程中常常由于材料的逐渐老化、各种变形的反复影响、风雨冰冻的作用、雨水的冲刷、使用时人为的损坏以及垃圾尘土堆积堵塞排水通道等因素的作用使屋面防水层遭到损坏，并导致渗漏，因此加强管理维护是提高防水工程质量的一个重要措施。定期进行屋面的保养维护，如采取在每年雨季来临前和入冬前对防水层进行全面清扫检查发现有损坏之处及时修复等措施，对降低屋面渗漏率、减少返修、节省开支、延长防水层使用年限具有十分重要的意义。

4.1.2 屋面分类

屋顶是房屋最上层起覆盖作用的围护和承重结构，其最主要的功能之一是"遮风雨"。屋面根据排水坡度不同可分为平屋面和坡屋面。平屋面指排水坡度小于 10% 的屋面，常用的坡度为 2%～3%。坡屋面是指屋面坡度较陡，排水坡度大于 10% 的屋面。

屋面按保温隔热功能划分，可分为保温隔热屋面和非保温隔热屋面，见图 4-1。

屋面按防水层位置划分，可分为正置式屋面和倒置式屋面。见图 4-2、图 4-3。

屋面按使用功能划分，可分为非上人屋面、上人屋面、绿化种植屋面、蓄水屋面。见图 4-4。

屋面按采用的防水材料划分，可分为卷材防水屋面、涂膜防水屋面、复合防水屋面、

图 4-1 保温隔热屋面
1—找坡层或其他重压层；2—抗裂钢筋网；3—混凝土保护层；4—屋面用保温板；
5—防水层；6—水泥砂浆找平层；7—屋面结构板

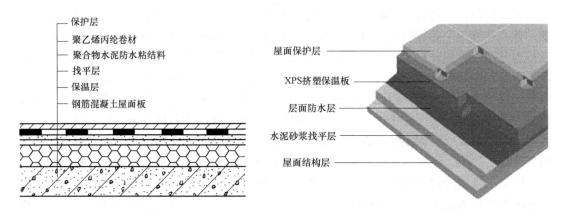

保护层
聚乙烯丙纶卷材
聚合物水泥防水粘结料
找平层
保温层
钢筋混凝土屋面板

屋面保护层
XPS挤塑保温板
层面防水层
水泥砂浆找平层
屋面结构层

图 4-2　正置式屋面做法　　　　　　图 4-3　倒置式屋面做法

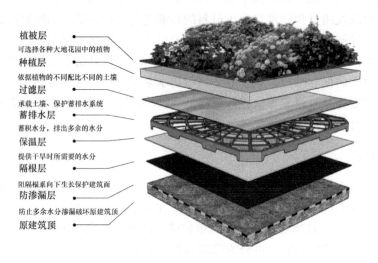

植被层
可选择各种大地花园中的植物
种植层
依据植物的不同配比不同的土壤
过滤层
承载土壤、保护蓄排水系统
蓄排水层
蓄积水分，排出多余的水分
保温层
提供干旱时所需要的水分
隔根层
阻隔根系向下生长保护建筑面
防渗漏层
防止多余水分渗漏破坏原建筑顶
原建筑顶

图 4-4　绿化种植屋面做法

瓦屋面、金属板材屋面等。

其他形式的屋顶：如拱屋盖、薄壳屋盖、折板屋盖、悬索屋盖、网架屋盖等。

66

4.2 屋面防水等级和设防要求

4.2.1 屋面防水等级划分及相应设防要求

屋面工程应根据建筑物的性质、重要程度、使用功能要求以及防水层合理使用年限等因素，按不同等级设防。屋面防水分为两个等级（见表 4-1），并按屋面防水等级的设计要求进行屋面防水工程的施工，屋面防水等级和设防要求是防水设计和施工人员施工的技术指南。《屋面工程质量验收规范》GB 50207—2012 指出防水的作用是保护建筑物的使用功能，增强建筑物的耐久性，延长其使用寿命。

屋面防水等级和设防要求   表 4-1

防水等级	建筑类别	设防要求
Ⅰ级	重要建筑和高层建筑	两道防水设防
Ⅱ级	一般建筑	一道防水设防

屋面防水工程设计应遵照"保证功能、构造合理、防排结合、优选用材、美观耐用"五项原则。屋面防水工程施工应遵照"按图施工、材料检验、工序检查、过程控制、质量验收"五项原则。屋面排水系统应保持畅通，应防止水落口、檐沟、天沟堵塞和积水。

4.2.2 屋面防水工程分类

屋面防水工程按建筑物结构做法不同，可分为结构自防水和防水层防水。结构自防水是依靠建筑物结构（底板、墙体、楼顶板等）材料自身的密实性，以及采取坡度、伸缩缝等构造措施和辅以嵌缝膏、埋设止水带或止水环等，起到结构构件自身防水的作用。防水层防水即在建筑物结构的迎水面以及接缝处，使用不同防水材料做成防水层，以达到防水的目的。

屋面防水工程按所用的防水材料不同又可分为刚性材料防水（例如涂抹防水砂浆、浇筑掺有外加剂的细石混凝土或预应力混凝土等）和柔性材料防水（例如铺设不同档次的防水卷材、涂刷各种防水涂料等）。结构自防水和刚性材料防水均属于刚性防水；用各种卷材、涂料所做的防水层均属于柔性防水。

4.3 建筑防水材料分类

4.3.1 按材料特性分类

（1）柔性防水材料：如防水卷材、防水涂料和密封膏等。
（2）刚性防水材料：如防水砂浆、防水混凝土等。
（3）瓦防水材料：如烧结瓦、油毡瓦和混凝土平瓦等。
目前建筑行业主要采用柔性材料和刚性材料相结合的防水方式。

4.3.2 按材料品种分类

(1) 卷材防水：包括沥青防水卷材、高聚物改性沥青防水卷材、合成高分子防水卷材等。见图 4-5。

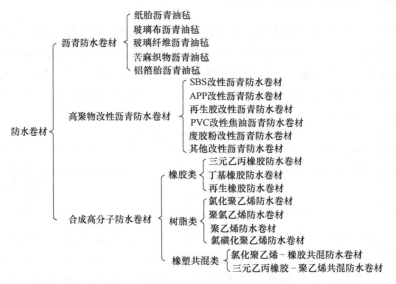

图 4-5 防水卷材分类

(2) 涂膜防水：包括沥青基防水涂料、高聚物改性沥青防水涂料、合成高分子防水涂料等。例如氯丁橡胶沥青防水涂料屋面：先在屋面板上用 1∶2.5 或 1∶3 的水泥砂浆做 15～20mm 厚的找平层并设分格缝，分格缝宽 20mm，其间距不大于 6m，缝内嵌填密封材料。找平层达到平整、坚实、洁净、干燥的程度方可作为涂料施工的基层。然后将稀释涂料（防水涂料：0.5～1.0 的离子水溶液＝6∶4 或 7∶3）均匀涂布于找平层上作为底涂，干燥后再刷 2～3 层涂料。中涂层为加胎体增强材料的涂层，要铺贴玻纤网格布，面层根据需要可做细砂保护层或涂覆着色层。细砂保护层是在未干的中涂层上抛撒 20 目浅色细砂并辊压，使细砂牢固地粘结于涂层上；着色层可使用防水涂料或耐老化的高分子乳液作为胶粘剂加上各种矿物颜料配制成着色剂，涂布于中涂层表面。

(3) 密封材料防水：包括改性沥青密封材料、合成高分子密封材料等。为达到防水密封的效果，建筑密封材料必须具有较强的水密性和气密性，以及良好的粘结性、耐高低温性和耐老化性，并具有弹塑性。在密封材料的选用方面，第一步应该考虑密封材料的粘结性能和使用部位。粘结性好的密封材料和被粘合在一起的基层是作为密封的重要基础。建筑物不同部位的接缝对密封材料的要求也是不一样的，所以，要根据被粘基层的材质、表面状态和性质来选择粘结性良好的密封材料。

(4) 混凝土防水：包括普通防水混凝土、补偿收缩防水混凝土、预应力防水混凝土、掺外加剂防水混凝土以及钢纤维或塑料纤维防水混凝土等。例如混凝土防水屋面施工：采用不低于 C20 的细石混凝土整体现浇而成，其厚度不小于 40mm。为防止混凝土开裂，可在防水层中配直径 4～6mm、间距 100～200mm 的双向钢筋网片，钢筋的保护层厚度不小于 10mm。为提高防水层的抗裂和抗渗性能，可在细石混凝土中掺入适量的外加剂，如膨胀剂、减水剂、防水剂等。

（5）砂浆防水：包括水泥砂浆、掺外加剂水泥砂浆以及聚合物水泥砂浆等。例如水泥砂浆防水层施工工艺：基层清理，屋面有凹凸不平、麻面、孔洞等，应用高强度水泥砂浆或混凝土填平或补缝，并清除屋面杂物和松动的石子。天沟、檐沟及女儿墙泛水等处阴阳角做圆弧，同时出屋面管道周围应剔成深 30mm、宽 20mm 左右的沟槽，用水冲洗干净后，用防水砂浆填平。基层处理完成后，涂刷第一遍水泥浆，厚度为 1~2mm 并涂刷均匀，涂刷第一遍水泥浆后，即可抹底层砂浆，底层砂浆应分两遍铺抹，严禁一次成活。每遍厚度应为 5~7mm，第一遍砂浆变硬后大约 12h，涂刷第二遍砂浆。第一遍砂浆应压实搓毛，第一遍砂浆阴干后再抹第二遍，用刮尺刮平，紧接着用铁抹子拍实，搓平、压光。砂浆在开始初凝时进行第二次压光，砂浆终凝前进行第三次压光。在砂浆终凝后 8~12h，表面呈灰白色即可进行养护，养护时间不得少于 14d。水泥砂浆防水层宜一次连续施工，不留施工缝，不得不留缝时，则应留成阶梯形槎，施工时应在老槎面上涂刷一道水泥浆，然后分层施工。水泥砂浆铺抹时，应先铺立面后铺平面。

4.3.3 按建（构）筑物工程部位分类

防水工程按建（构）筑物工程部位可划分为：地下防水、屋面防水、室内厕浴间防水、外墙板缝防水以及特殊建筑物和部位（例如水池、水塔、室内游泳池、喷水池、四季厅、室内花园等）防水。

4.3.4 屋面防水工程施工前期控制要点

（1）认真落实设计交底和图纸会审，要让施工方、监理工程师等技术人员充分了解防水工程施工特点、设计意图和工艺与材料质量要求。搞清设计中涉及防水的有关问题，例如防水材料性能和做法及排水坡度设计是否合理，防水材料是否为禁止使用的材料，审核防水等级和设防等防水相关要求是否与屋面施工及验收规范和质量标准相冲突，通过设计交底和图纸会审加以明确，从而方便施工，保证施工质量。由于设计交底和图纸会审大多在项目工程开工前集中进行，而屋面防水工程在结构工程完成后进行，可能存在屋面结构变更，故必要时可组织二次屋面防水专业图纸会审。见图 4-6。

未预留足够的施工空间设置防水层。

图 4-6 屋面管道位置未提前优化

（2）严格审查施工组织设计或方案，施工组织设计和方案是指导施工的技术文件，内容包括不同部位的防水施工方法、工艺及质量标准、质量保证措施。对重点和关键部位应有可行的防水施工技术措施及质量保证措施，有防渗漏质量通病的措施和应急预案等。审查时重点审查质量目标是否有保证；质量保证体系是否满足要求；防水材料选择是否符合设计和技术标准；材料质量检验和复试是否满足规定要求；材料运输保管是否符合规定；防水基层处理及验收标准、施工工艺、工序及措施是否可靠，防水节点做法，施工工序交叉衔接及成品保护措施是否可行,计划安排是否得当等。

(3)严格审查分包单位资格,随着新技术、新工艺、新材料的推广应用,屋面防水新材料不断更新。屋面防水工程除了通过工程承包企业完成外,实行专业分包比较普遍,但都是通过一线施工操作人员来实现的。因此,在资质审查中要严格审查施工经验、技术水平、施工组织管理能力和社会信誉、专业人员素质以及在施工工艺、新技术、新工艺施工方面的能力。对承包单位选择的几家符合资质要求的分包单位,需经过现场考察,采访建设单位,通过比选后综合评定。不得由没有资质等级的单位承包,严禁无上岗证的防水工人进行屋面工程的防水施工。在确定施工队伍前业主、监理、总承包单位对分包队伍进行认真考察、严格审查,主要审查其资质、业绩、主要作业人员的上岗证持证情况。

(4)做好防水材料验收,严把材料进场关,在防水材料进场前,认真检查出厂合格证、质量保证书、特性等,各项技术指标均要符合要求;保证产品必须具有国家有关部门的使用证书,认证资料齐全。使用前采用随机抽样进行抽验和复验,合格后报经监理工程师审批方可使用。屋面防水工程施工材料以弹性体(SBS)和塑性体(APP)改性沥青防水卷材、高分子防水卷材为主。在施工现场,经常发现施工单位和供货商对进场材料弄虚作假、以假乱真、以次充好等现象。

(5)主体结构顶板验收与交接控制,在主体结构验收时,更加注重楼顶板、女儿墙、顶板预留孔洞的检查、测验,避免由于楼顶板上下不便而存在检查、管理不到位的现象,造成楼顶板表面粗糙、有裂缝、孔洞尺寸偏大,混凝土构造柱、女儿墙砌体养护不到位等质量问题,对不符合质量标准要求的内容,应要求施工单位进行整改。

4.4 常用防水卷材

4.4.1 合成高分子防水卷材

以合成橡胶、合成树脂为基料,加入适量的化学助剂和填充料加工而成的可卷曲的片状防水材料。合成高分子防水卷材具有高强度、高伸长率、高撕裂强度和耐高低温、耐臭氧、耐老化、寿命长等特性。常用品牌有"三元乙丙"、"氯化聚乙烯"、"氯化聚乙烯-橡胶共混"等,宽度为1~1.2m,厚度有1.0mm、1.2mm、1.5mm、2.0mm四种规格,长度为10~20m。其规格及物理性能见表4-2、表4-3。

合成高分子防水卷材的规格　　　　　　　　　　　　表4-2

厚度(mm)	宽度(mm)	长度(mm)
1.0	≥1000	20
1.2	≥1000	20
1.5	≥1000	20
2.0	≥1000	20

4.4.2 高聚物改性沥青防水卷材

以合成高分子聚合物改性沥青为涂盖层,聚酯无纺布(PY)或玻纤毡(G)为胎体,聚乙烯膜、铝薄膜、砂粒、彩砂、页岩片等材料为覆面材料制成可卷曲的片状防水材料。高聚物改性沥青防水卷材具有纵横向拉力大、延伸率好、韧性强、耐低温、耐老化、耐紫外线、耐温差变化、自愈力粘合等优良性能。常用品牌有"SBS"、"APP"，宽度均为1m，厚度为2～5mm，长度为20～25m。

合成高分子防水卷材的物理性能 表4-3

<table>
<tr><td rowspan="2" colspan="2">项　目</td><td colspan="4">性能要求</td></tr>
<tr><td>硫化橡胶类</td><td>非硫化橡胶类</td><td>树脂类</td><td>纤维增强类</td></tr>
<tr><td colspan="2">断裂拉伸强度(MPa)</td><td>≥6</td><td>≥3</td><td>≥10</td><td>≥9</td></tr>
<tr><td colspan="2">扯断伸长率(%)</td><td>≥400</td><td>≥200</td><td>≥200</td><td>≥10</td></tr>
<tr><td colspan="2">低温弯折(℃)</td><td>-30</td><td>-20</td><td>-20</td><td>-20</td></tr>
<tr><td rowspan="2">不透水性</td><td>压力(MPa)</td><td>≥0.3</td><td>≥0.2</td><td>≥0.3</td><td>≥0.3</td></tr>
<tr><td>保持时间(min)</td><td colspan="4">≥30</td></tr>
<tr><td colspan="2">加热收缩率(%)</td><td>＜1.2</td><td>2.0</td><td>＜2.0</td><td>＜1.0</td></tr>
<tr><td rowspan="2">热老化保持率
(80℃,168h)</td><td>断裂拉伸强度(%)</td><td colspan="4">≥80</td></tr>
<tr><td>扯裂伸长率(%)</td><td colspan="4">≥70</td></tr>
</table>

自粘聚合物改性沥青防水卷材是以SBS等合成橡胶、优质道路沥青及增粘剂为基料，以聚酯膜（PET）、聚乙烯膜（PE）、铝箔或涂硅隔离膜为上表面材料，下表面覆以涂硅隔离膜为防粘层而制成的自粘聚合物改性沥青无胎基防水卷材。其规格及外观质量要求见表4-4、表4-5。

高聚物改性沥青防水卷材的规格 表4-4

<table>
<tr><td rowspan="2">厚度(mm)</td><td rowspan="2">宽度(mm)</td><td colspan="2">长度(mm)</td><td rowspan="2">要　求</td></tr>
<tr><td>SBS</td><td>APP</td></tr>
<tr><td>2.0</td><td>1000</td><td>15</td><td>15</td><td rowspan="3">热熔法施工时厚度
≥3.0mm</td></tr>
<tr><td>3.0</td><td>1000</td><td>10</td><td>10</td></tr>
<tr><td>4.0</td><td>1000</td><td>7.5</td><td>10、75</td></tr>
</table>

高聚物改性沥青防水卷材的外观质量要求 表4-5

<table>
<tr><td>序号</td><td>项　目</td><td>要　求</td></tr>
<tr><td>1</td><td>孔洞、缺边、裂口</td><td>不允许</td></tr>
<tr><td>2</td><td>边缘不整齐</td><td>不超过10mm</td></tr>
<tr><td>3</td><td>胎体露白、未浸透</td><td>不允许</td></tr>
<tr><td>4</td><td>撒布粒料粒度、颜色</td><td>均匀</td></tr>
<tr><td>5</td><td>每卷卷材的接头</td><td>不超过1处，较短的一段不应小于1000mm，接头处应加长150mm</td></tr>
</table>

4.4.3 常用防水卷材的特点

1. SBS改性沥青防水卷材的特点

（1）改善了卷材的弹性和耐疲劳性。SBS热塑性弹性体材料具有橡胶和塑料的双重特性。在常温下，具有橡胶状的弹性，在高温下又像塑料一样具有熔融流动性，是塑料、沥青等脆性材料的增韧剂。采用经 SBS 改进后的沥青作防水卷材的浸渍涂盖层，可提高卷材的弹性和耐疲劳性，延长卷材的使用寿命。

（2）提高了卷材的耐高、低温性能。将 SBS 改性沥青防水卷材加热到 90℃，观察 2h，卷材表面仍不起泡、不流淌；当温度降到 -75℃ 时，卷材仍然具有一定的柔软性；在 -50℃ 以下卷材仍然具有防水功能。由此可见，它适用于寒冷和炎热地区。

（3）耐老化、施工简单。SBS 改性沥青防水卷材的抗拉强度高、延伸率大、自重轻、耐老化、施工方便简单，可用热熔或冷粘结施工。

2. APP 改性沥青防水卷材的特点

（1）抗拉强度高、延伸率大。APP 改性沥青防水卷材复合在具有良好物理性能的玻纤毡或聚酯毡上，使制成的防水卷材具有抗拉强度高、延伸率大的特点。

（2）具有良好的耐热性。APP 改性沥青防水卷材适应的温度范围是 -15～130℃，尤其是耐紫外线的能力比其他改性沥青卷材都强，适用于炎热地区。

（3）抗老化性能好。APP 是生产聚丙烯的副产品，它在改性沥青中呈网状结构，与石油沥青有良好的互溶性，将沥青包在网中。APP 分子结构稳定，受高温、阳光照射后，分子结构不会重新排列，老化期长（20 年以上）。

（4）施工简单、无污染。APP 改性沥青防水卷材具有良好的憎水性和粘结性，可冷粘施工、热熔施工，干净、无污染。

3. 三元乙丙橡胶防水卷材的特点

（1）抗老化性能好，使用寿命长。三元乙丙橡胶分子结构中的主链上没有双键，而其他类型的橡胶或塑料等高分子材料的结构中主链上有双键，因此，当三元乙丙橡胶受到臭氧、紫外线、湿热的作用时主链不易发生断裂，这是它的抗老化性能好的根本原因。一般情况下，三元乙丙橡胶防水卷材的使用寿命长达 40 年。

（2）拉伸强度高、延伸率大。三元乙丙橡胶防水卷材的拉伸强度高，断裂延伸率相当于石油沥青纸胎油毡伸长率的 300 倍。因此，它的抗裂性能好，能适应防水基层的伸缩或局部开裂变形的需要。

（3）耐高、低温性能好。三元乙丙橡胶防水卷材在低温 -50℃ 时仍不脆裂，在高温 120℃（加热 5h）时仍不起泡、不粘结。因此，它具有很好的耐高、低温性能，可在严寒和酷热的环境下长期使用。

（4）施工简单方便。三元乙丙橡胶防水卷材可以采用单层冷粘结施工，改变了传统的多层"二毡三油一砂"、"三毡四油一砂"、热施工的沥青油毡防水做法，简化了施工程序，提高了劳动效率。

4. 铝箔塑胶改性沥青防水卷材的特点

（1）它是以橡胶和聚氯乙烯复合改性石油沥青作为浸渍涂盖材料，聚酯毡、麻布或玻纤维毡为胎体，聚乙烯膜为底面隔离材料，软质银白色铝箔为表面保护层的防水卷材。

（2）铝箔塑胶改性沥青防水卷材对阳光的反射率高，具有一定的抗拉强度和延伸率，弹性好，低温柔性好，抗老化能力强，工序简便，能改善施工人员的劳动条件。

（3）具有装饰功能。该卷材适用于外露防水面层，并且价格较低，是一种中档的新型防水卷材。

4.5 常见屋面防水找平层、保温层施工

屋面防水工程是房屋建筑的一项重要工程，工程质量好坏关系到建筑物的使用寿命，还会直接影响人民生产活动和生活的正常进行。据统计，导致屋面渗漏的原因有几方面：材料占20%～22%，设计占18%～26%，施工占45%～48%，管理维护占6%～15%。目前屋面防水出现许多新型材料，但是卷材防水层仍然占着重要的地位。许多环节、许多细部节点处理，往往容易被忽略，处理不好也很容易出现问题，其实，只要做好三个层，即保温隔热层、找坡找平层和防水层，就可以搞定屋面防水。卷材防水屋面是指采用胶粘剂粘贴卷材或采用带底面自粘胶的卷材进行热熔或冷粘贴于屋面基层进行防水的一种屋面。卷材防水屋面分为正置式屋面和倒置式屋面，正置式屋面和倒置式屋面的构造层次见图4-7、图4-8。

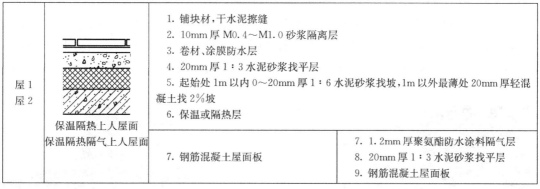

屋1 屋2	保温隔热上人屋面 保温隔热隔气上人屋面	1. 铺块材，干水泥擦缝 2. 10mm厚M0.4～M1.0砂浆隔离层 3. 卷材、涂膜防水层 4. 20mm厚1:3水泥砂浆找平层 5. 起始处1m以内0～20mm厚1:6水泥砂浆找坡，1m以外最薄处20mm厚轻混凝土找2%坡 6. 保温或隔热层	
		7. 钢筋混凝土屋面板	7. 1.2mm厚聚氨酯防水涂料隔气层 8. 20mm厚1:3水泥砂浆找平层 9. 钢筋混凝土屋面板

图4-7 正置式屋面构造层次示意图

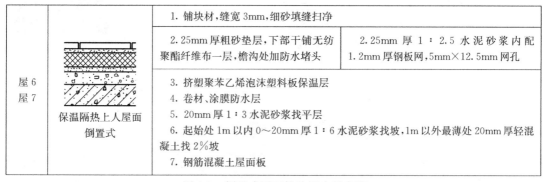

屋6 屋7	保温隔热上人屋面 倒置式	1. 铺块材，缝宽3mm，细砂填缝扫净	
		2. 25mm厚粗砂垫层，下部干铺无纺聚酯纤维布一层，檐沟处加防水堵头	2. 25mm厚1:2.5水泥砂浆内配1.2mm厚钢板网，5mm×12.5mm网孔
		3. 挤塑聚苯乙烯泡沫塑料板保温层 4. 卷材、涂膜防水层 5. 20mm厚1:3水泥砂浆找平层 6. 起始处1m以内0～20mm厚1:6水泥砂浆找坡，1m以外最薄处20mm厚轻混凝土找2%坡 7. 钢筋混凝土屋面板	

图4-8 倒置式屋面构造层次示意图

4.5.1 屋面找平层施工要点

一般采用水泥砂浆、细石混凝土或沥青砂浆做屋面的整体找平层，其厚度及技术要求如下：

（1）水泥砂浆找平层：当结构层为现浇混凝土整体板时，厚度为15～20mm；当有整体或块状材料保温层时，厚度为20～25mm；当结构层为装配式混凝土板且保温层为松散材料时，厚度为20～30mm。水泥砂浆采用1:2.5～1:3（水泥:砂）体积比，水泥强度等级不低于32.5级。

（2）细石混凝土找平层：厚度为 30～35mm，混凝土强度等级不低于 C20。

找平层的排水坡度：

（1）平屋面采用结构找坡时不应小于 3％，材料找坡时宜为 2％；天沟、檐沟纵向找坡不应小于 1％，沟底水落差不得超过 200mm。水落口周围 500mm 范围内的坡度不应小于 5％。《屋面工程质量验收规范》GB 50207—2012 有关找平层的厚度及坡度要求见表 4-6、图 4-9。

找平层的厚度和技术要求

表 4-6

找平层分类	适用的基层	厚度（mm）	技术要求
水泥砂浆	整体现浇混凝土板	15～20	1：2.5 水泥砂浆
	整体材料保温层	20～25	
细石混凝土	装配式混凝土板	30～35	C20 混凝土，宜加钢筋网片
	板状材料保温层		C20 混凝土

（2）屋面找平层在凸出屋面结构（女儿墙、山墙、变形缝、烟囱）的交接处和转角处应做成圆弧形，当防水层为沥青防水卷材时圆弧半径 $R＝100～150mm$，当防水层为高聚物改性沥青防水卷材时 $R＝50mm$，当防水层为合成高分子防水卷材时 $R＝20mm$。内部排水的落水口周围，找平层应做成略低的凹坑。见图 4-10～图 4-14。

图 4-9　屋面水落口施工
注：水落口周围 500mm 范围内的坡度不应小于 5％。

图 4-10　凸出屋面结构做圆弧
注：凸出屋面结构的交接处和转角处应做成圆弧形。

图 4-11　泛水处做圆弧
注：泛水处一定施工成圆弧，直径为 100～150mm。

图 4-12　凸出屋面管道做圆弧
注：凸出屋面管道应做成圆弧形。

屋面找平层的分格缝：找平层宜设分格缝，缝宽 5～20mm，并嵌填密封材料。分格缝应留设在板端缝处，其纵横缝的最大间距，水泥砂浆或细石混凝土找平层不宜大于 6m，沥青砂浆找平层不宜大于 4m。分格缝施工可预先埋设木条、聚苯板泡沫条，或使用气割机锯出。依据《屋面工程质量验收规范》GB 50207—2012，转角处圆弧半径见表 4-7，屋面细部圆弧做法见图 4-15。

图 4-13　屋面落水口
注：内部排水的落水口周围，
找平层应做成略低的凹坑。

图 4-14　烟道封堵

转角处圆弧半径　　　　　　　　　　表 4-7

卷材种类	圆弧半径(mm)
沥青防水卷材	100～150
高聚物改性沥青防水卷材	50
合成高分子防水卷材	20

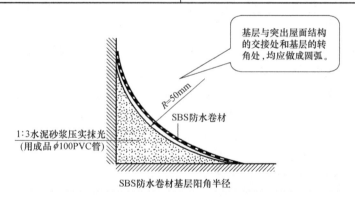

图 4-15　屋面细部圆弧做法

4.5.2　常见屋面找平层施工

　　屋面找平层是卷材的依附层，它的作用是保证卷材铺贴平整、牢固，找平层的好坏直接影响防水层的质量，找平层必须清洁、干燥。依据《屋面工程质量验收规范》GB 50207—2012 强条规定：屋面（含天沟、檐沟）找平层的排水坡度必须符合设计要求。常用的找平层分为：水泥砂浆找平层和细石混凝土找平层等。找平层无论是采用水泥砂浆还是细石混凝土配合比一定要注意，这是保证其强度和刚度的基础。找平层应压实平整，当用水泥砂浆时，水泥砂浆收水后应二次抹平压光和充分养护，不得有酥松、起砂、起皮现象。当用细石混凝土时，可在细石混凝土中掺入微膨胀剂，以提高找平层的抗裂性。在湿度较大或者腐蚀性较强的地区，还应在找平层上刷冷底子油作为隔离层，以提高耐潮湿和耐腐蚀能力。

1. 屋面水泥砂浆找平层施工

（1）作业条件：找平层施工前，基层或屋面保温层应进行检查验收，并办理验收手续。各种穿过屋面的预埋管件、烟囱、女儿墙、暖沟墙、伸缩缝等根部，应按设计施工图及规范要求处理好。根据设计要求的标高、坡度，找好规矩并弹线（包括天沟、檐沟的坡度）。施工找平层时应将原表面清理干净，进行处理，以利于基层与找平层的结合。

图 4-16　屋面管根封堵

注：管根封堵大面积做找平层前，应先将出屋面的管根用细石混凝土进行封堵。

（2）施工工艺：1）基层清理。将结构层、保温层上表面的松散杂物清扫干净，凸出基层表面的灰渣等粘结杂物要铲平，不得影响找平层的有效厚度。管根封堵大面积做找平层前，应先将出屋面的管根、变形缝、暖沟墙根部处理好（见图 4-16）。抹找平层水泥砂浆前，应适当洒水湿润基层表面，主要是利于基层与找平层的结合，但不可洒水过量，以免影响找平层表面的干燥，造成防水层施工后窝住水气，使防水层产生空鼓。所以洒水量以达到基层和找平层能牢固结合为度。2）贴点标高、冲筋。根据坡度要求，拉线找坡，一般按 1～2m 贴点标高（贴灰饼），铺抹找平砂浆时，先按流水方向以间距 1～2m 冲筋，并设置找平层分格缝，宽度一般为 20mm，并且将缝与保温层连通，分格缝最大间距为 6m。按分格块装灰、铺平，用刮扛靠冲筋条刮平，找坡后用木抹子搓平，铁抹子压光。待浮水沉失后，以人踏上去有脚印但不下陷为度，再用铁抹子压第二遍即可交活。找平层水泥砂浆配合比一般为 1∶3；拌合稠度控制在 70mm。找平层抹平、压实后 24h 可浇水养护，一般养护期为 7d，经干燥后铺设防水层。同时注意气候变化，如气温在 0℃以下，或在终凝前可能下雨，不宜施工，如果必须施工应采取相应措施，保证找平层质量。见图 4-17～图 4-19。

图 4-17　屋面找坡打点

注：标志灰饼应按图纸设计坡度制作，尺寸为 100mm×100mm，间距 1～2m。采用水准仪等工具施工、复核，允许偏差小于 3mm。

图 4-18　屋面找平层施工
注：用刮扛靠冲筋条刮平，找坡后
用木抹子搓平，铁抹子压光。

图 4-19　屋面分格缝留置
注：找平层分格缝，宽度一般为 20mm，并且将缝与保温层
连通，分格缝最大间距为 6m，分格面积不大于 36m²。

（3）施工中注意事项：1）找平层水泥宜用早期强度高、安定性好的普通硅酸盐水泥，切记使用过期水泥，宜用中砂或中、细混合砂，不宜采用粉细砂。2）找平层抹压时应注意防止漏压，当砂浆稠度较大时，应撒同强度等级较干稠砂浆抹压，不得撒干水泥，防止起皮。3）施工中应严格控制砂浆稠度，砂浆拌合不能过稀，操作时注意抹压遍数不能过多或过少，养护不能过早或过晚，不能上人过早，防止起砂现象。实际施工中可以采用 PVC 管道，并且在管道上面每隔 5cm 开眼，"眼"呈八字形，然后将 PVC 管道架设在屋面上，结合软管共同进行洒水，采用软管及 PVC 管共同洒水的方法，能够更加全面地覆盖每个角落，并且每个施工人员分人分段进行洒水，确保洒水完全覆盖均匀。减少有洒水遗漏的地方避免开裂。见图 4-20。4）抹找平层时，基层必须清理干净，过于光滑的应凿毛，并充分润湿，涂刷素水泥浆应调浆后涂刷，不能撒干水泥后洒水冲浆，并做到随刷水泥浆随铺砂浆，按要求遍数抹压，

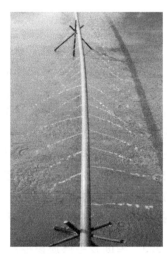

图 4-20　屋面找平层浇水养护
注：施工中应重视找平层的养护
工作，减少开裂、空鼓等。

防止漏压，以避免找平层出现空鼓和开裂。5）抹找平层冲筋时应注意找准泛水，或在铺砂浆时用木杠找出泛水，铺砂浆厚度按冲筋刮平顺，以防止出现倒泛水。

2. 屋面细石混凝土找平层施工

（1）铺设细石混凝土前，基层表面应清理干净并洒水润湿，铺砌亲水性材料时不宜过度浇水。

（2）按照设计坡度标出混凝土振捣厚度，制作灰饼、冲筋。一般间隔 2m，作为找平层坡度控制依据。

（3）材料及混凝土质量要严格保证，经常检查混凝土配合比，并按规范要求制作试块，混凝土宜采用机械搅拌，搅拌时间不少于 2min。

（4）屋面找平层的摊铺按"由远到近、由高到低"的顺序进行，施工时用 2m 刮杆按灰饼拍紧刮平，同时找出坡度，再用抹子抹平、压光。混凝土收水初凝后，及时取出分格

缝进行第二次压实抹光，并及时修补分格缝的缺损部分，做到平直、整齐。待混凝土终凝前，进行第三次压光，要求做到表面平光、不起砂、不起皮。见图 4-21。

图 4-21　细石混凝土找平层施工
注：一次机械，二次人工铁板收光，无起砂、起皮现象，表面平整度允许偏差不大于 5mm。

（5）待混凝土终凝后及时浇水养护，并做好找平层表面保护，减少人为踩踏。找平层硬化并干燥后，为了避免屋面雨水从分格缝中渗入，在嵌填密封材料之前采用鼓风机对分格缝内的尘埃进行吹除，确保注胶质量。密封材料嵌填必须密实、连续、饱满、粘结牢固，无气泡、开裂、脱落等缺陷。嵌填的密封材料表面应平滑，缝边应顺直，无凹凸不平现象。盖缝条宽度应≥200mm。用来找坡和找平的轻混凝土和水泥砂浆都是刚性材料，在变形应力的作用下，如果不经处理，不可避免地都会出现裂缝，尤其会出现在变形敏感的部位。这样容易造成粘贴在上面的防水卷材的破裂。所以应当在屋面板的支座处、板缝间和屋面檐口附近这些变形敏感的部位，预先将用刚性材料所做的构造层次作人为的分割。中间应用柔性材料及建筑密封膏嵌缝。

4.5.3　屋面找平层质量控制与验收

（1）为达到高标准的防水质量要求，防水工程所用的全部卷材及配套材料必须满足设计要求，在样板施工过程中，要坚持"自检、交接检、专检"三检制度，按照每道工序的质量标准进行精细化管理，从基层表面清洁、局部加强、收头处理、节点密封、清理修整防水保护层等关键点控制质量，确保工序的精准，每一道工序施工完成且验收合格后施工单位填写好《××防水工序移交单》，并签字确认方可组织下道工序施工。见表 4-8。

（2）水泥砂浆、细石混凝土工程验收时，应重点检查材料、配合比是否符合设计要求。找平层应粘结牢固，不得有松动、起壳、翻砂现象。表面平整度允许偏差为 7mm，现场用 2m 长的靠尺检查，找平层与靠尺之间空隙不应超过 5mm，空隙仅允许平缓变化，每米长度内不得多于一处。现实施工中往往对找平层质量不太重视，不太注重配合比的控制，施工后经常会出现起砂、开裂等情况。直接影响防水层和基层的粘结质量或导致防水层开裂。

（3）找平层坡度应符合设计要求，现场应该实测天沟、水落口排水坡度，一般天沟纵向坡度不小于 1%；内部排水的水落口周围应做成半径 500mm 和坡度不宜小于 5% 的杯形洼坑（见图 4-22）。两个面的相接处，例如墙、伸缩缝、女儿墙、烟囱、管道泛水处等均应做成半径不小于 100～150mm 的圆弧，并检查泛水处的预埋件位置和数量。

上道工序名称	屋面基层清理	上道工序完成时间	2010.12.05
上道工序部位	20 号楼	上道工序施工单位	大连××建设

技术标准：
　　屋面找平层：20 号楼屋面找平层。

完成情况：
　　我施工单位已经完成防水基层处理工作，希望贵公司尽早进入施工现场做好防水工程的找平层，以免影响工期。

检查情况：经现场检查，20 号楼屋面基层清理工程完成情况属实。

下道工序名称	防水工程	下道工序部位	20 号楼
下道工序施工单位		大连傅禹防水工程有限公司	
意 见	上道工序施工单位	本工序自检合格可以进行下道工序施工	
	下道工序施工单位		
	监理单位		
	业主		
下道工序施工单位签字：		交接时间：	

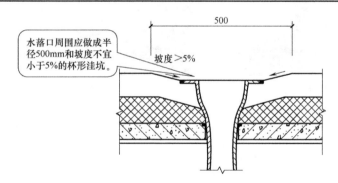

图 4-22　屋面水落口做法

　　（4）找平层宜留设分格缝，缝宽一般为 20mm，水泥砂浆或细石混凝土找平层分格缝间距不宜大于 6m；分格缝兼作排气屋面的排气道时，可适当加宽，并与保温层连通。依据现场施工调查分析发现，卷材、涂膜防水层的不规则拉裂，多数是由于找平层的开裂造成的，然而水泥砂浆找平层的开裂又是很难避免的，找平层合理分割后，可将变形集中到分格缝处，这样就减少了找平层的不规则开裂，因此找平层的分格缝设置的位置和间距应符合设计要求。

　　内部排水的水落口杯应牢固固定在承重结构上，水落口所有零件上的铁锈应预先清除干净，并涂上防锈漆。水落口杯与竖管承口的连接处，应用沥青与纤维材料拌制的填料或油膏填塞。

　　（5）屋面找平层工程检验批由监理工程师（建设单位项目负责人）组织施工单位项目

专业技术负责人等组织验收。找平层验收按屋面面积每 100m^2 检查一处，每处 10m^2，且不得少于 3 处，细部构造全数检查。然而在实际施工中例如天沟、檐沟等部位经常会出现排水坡度过小或找坡不正确，造成屋面排水不畅或积水现象。基层找坡正确，能将屋面上的雨水迅速排走，延长防水的使用寿命。所以在验收的过程中应对细部构造进行全数检查。找平层所用材料及配合比和排水坡度一定要符合设计要求。

4.5.4 屋面保温层施工

为使冬季房间内部的温度能够满足使用要求以及建筑节能的需要，应当在屋顶设置保温层。保温层可分为松散材料保温层、板状保温层及整体现浇保温层三种。一般的房屋均设保温层，以便在冬季阻止室内温度下降过快，夏季起隔热的作用。保温材料可分为三类：一是松散材料，例如炉渣、膨胀蛭石、膨胀珍珠岩等，目前已较少使用。二是板状材料，例如膨胀蛭石、膨胀珍珠岩块，泡沫水泥、加气混凝土块，岩棉板、EPS 聚苯板、XPS 挤塑板。三是整体现浇（喷）保温层，例如沥青膨胀蛭石、沥青膨胀珍珠岩、聚氨酯硬泡防水保温一体化系统等。目前较多使用的是岩棉板、EPS 聚苯板、XPS 挤塑板等板状材料。见图 4-23～图 4-25。

图 4-23　膨胀珍珠岩

注：膨胀珍珠岩以其良好的保温效能、超强的
　　稳定性能很好地被市场接受并发挥其效应，
　　而且应用范围广，具有普遍的实用性，尤其在
　　耐火、保温、节能方面发挥优异的性能。

图 4-24　聚苯乙烯泡沫

注：导热系数低。由于其充满空气的团孔
　　结构，阻止了空气的传播。

聚氨酯硬泡防水保温一体化系统发展迅速。保温层施工前基层应平整、干燥和干净，保温板紧贴（靠）基层，铺平垫稳，分层铺设时上下层接缝错开，拼缝严密，板间缝隙应采用同类型材料嵌填密实，粘贴应贴严粘牢，找坡正确。

1. XPS 挤塑聚苯乙烯板保温层施工

（1）施工前对保温基层进行清理、检查验收。

（2）依据施工作业面用墨线弹出水平控制线（基层简单时可不弹）。

（3）排版备料，依据基本形状和尺寸，合理下料，保持错缝拼接。

（4）配专用粘结砂浆，先将专用砂浆干粉倒入容器中，现场加入一定比例的水，机械搅拌均匀即可使用，一次搅拌不宜过多，边搅边用。

（5）粘贴 XPS 挤塑聚苯乙烯板，用专用粘结砂浆满涂在基层上面，涂层厚 2～10mm，在平屋面保温时，如基层符合要求，也可采用点框粘结方法，在板四周涂抹一圈搅拌好的专用粘结砂浆，其宽度为 50mm，板面中央均匀涂抹 5～6 点，保证粘结面积不小于 30％。见图 4-26。

图 4-25 膨胀蛭石

注：它具有良好的透气性、保湿性和保温性，蛭石用于温室大棚内，具有疏松土壤、透气性好、吸水力强、温度变化小等特点。

图 4-26 屋面 XPS 挤塑聚苯乙烯板保温层

注：相邻板材应错缝拼接，分层铺设的板材应相互错开。

（6）涂抹专用粘结砂浆后，将 XPS 挤塑聚苯乙烯板直接粘贴在基层上面，左右轻柔压实即可。XPS 挤塑聚苯乙烯板粘贴应平整，板材的排列竖向错缝，交错相接，板与板之间要靠紧靠实，尽量不得有"碰头灰"，超出 2mm 的缝隙应用相应宽度的 XPS 挤塑聚苯乙烯板塞实。若为坡屋面，粘贴 XPS 挤塑聚苯乙烯板时，应辅以机械固定，如采用水泥钉固定或按设计要求施工。见图 4-27。

2. 泡沫混凝土保温层施工

泡沫混凝土具有轻质低弹、隔热保温、耐火减震、整体性及耐久性好、防水效果好等特点，其施工过程无需任何振捣，可降低劳动强度，而且造价低廉，环保经济。泡沫混凝土是用机械方法将泡沫水溶液加压制成均匀封闭的气泡组成的泡沫，然后将泡沫注入由水泥、掺合料、水及各种外加剂等制成的浆料中，再经混合搅拌、浇筑成型、养护而成的轻质多孔材料。见图 4-28。

图 4-27 屋面保温层施工

注：屋面热桥部位应进行保温处理，防止出现结露。

图 4-28 屋面泡沫混凝土施工

注：泡沫混凝土的浇筑出料口离基层不宜超过 1m，厚度大于 200mm 时应分层浇筑。

（1）泡沫混凝土的配合比应根据设计标准强度、施工条件以及环境温度由试验来确定。各种原材料应符合其质量要求并应严格控制计量。常用配合比见表4-9。

泡沫混凝土常用配合比 表 4-9

屋面类型	水泥(32.5号)	细煤灰	发泡剂(专利)	水
不上人屋面	200	300	3	适量(以坍落度来控制掺量)
上人屋面	250	350	3	适量(以坍落度来控制掺量)

（2）按照泡沫混凝土层的设计厚度、设计坡度，用水泥砂浆贴点标高，再拉线、冲筋。若设计未规定坡度值，则坡度值宜为2%。在发泡瓶内加入发泡剂及发泡剂量12~13倍的水充气加压3~6min，待空气压缩机气压升到0.6~0.8MPa后停机待用。施工过程中要随时注意压力表的数值，严禁压力超标。严格按操作规程及顺序操作空气压缩机和发泡瓶，防止空气压缩机气流管反弹伤人。

（3）按照水、水泥、掺合物及外加剂等的先后顺序将其依次加入搅拌机内搅拌2~3min形成稠状浓液，然后把泥浆和发泡剂输送到基砰上。采用分段流水作业摊铺泡沫混凝土，虚铺厚度为实际厚度的1.2~1.3倍，然后用长3m的铝合金刮杠刮平即可。见图4-29、图4-30。

图 4-29　泡沫混凝土浇筑

注：泡沫混凝土浇筑时，应随时检查泡沫混凝土的湿度。

图 4-30　屋面泡沫混凝土找平

注：泡沫混凝土应按设计的厚度设定浇筑标高，厚度是保证保温效果的关键。

（4）泡沫混凝土施工完7d内尽量避免人员在其上面行走及禁止堆积物品，以免破坏其中的气泡结构，影响隔热效果。整体现浇屋面泡沫混凝土的厚度不应小于60mm，分格缝留置的面积不应大于4m×4m，分格缝应用柔性防水材料嵌填；其坡度必须准确，符合设计要求，不能倒泛水。

3. 聚氨酯防水保温层施工

屋面聚氨酯防水保温一体化系统采用高压无气喷涂机现场直接发泡成型工艺，使屋面防水保温一体化，形成的防水保温层连续无接缝，具有保温效果优异、粘结性能好、强度高、抗渗透性强和耐老化性能优异等特点。

（1）正式喷涂作业前应先进行试喷，试喷面积一般为1.5m²，厚度小于30mm。试喷时应先开启空气压缩机，打开压缩空气开关，再启动聚氨酯硬泡喷涂机料泵。

（2）调节黑料及白料出料压力，输料管及加热系统温度应依据现场施工环境和基层温度进行设定，并根据试喷情况进行适当调整。

（3）将黑料、白料分别注入各自料桶内，进行物料循环，加料时应注意认真过滤。物料循环过程中要检查有无泄漏和堵塞情况。

（4）校准计量泵流量，按所需比例调试比例泵，比例误差不应大于4%。物料循环过程中要仔细观察出料流量情况，当料液流速均匀连续且黑白料比例正常后可以开始试喷。

（5）施工时，喷枪与基层间的距离应由试验确定，移动速度要均匀。喷涂顺序为由下风口逐渐移向上风口，施工人员面向下风口，倒退行进。见图4-31。

（6）喷涂施工时应分层多次完成，第一层为打底喷涂，厚度不宜过厚（约5mm即可），然后进行后续分层喷涂，每层喷涂厚度不宜超过15mm，硬泡聚氨酯喷涂后20min内严禁上人。在硬泡聚氨酯分遍喷涂时，由于每遍喷涂的间隔时间很短（只需20min），当日的作业面完全可以当日连续喷涂施工完成，如果当日不能连续喷涂完毕，会增加基层清理工作，同时不易保证分层之间的粘结质量。

（7）喷涂施工时应依据现场及基层的具体情况对喷涂方法进行控制和调整，以保证每一层的厚度均匀性以及表面平整度。每一层喷涂施工的方向应与之前一层的喷涂施工方向相互垂直。

（8）大面积喷涂可分片进行施工，对于因不能一次性施工完成而产生的施工接缝部位要在前后两次施工时进行分层错缝喷涂，即在前一次喷涂施工时接缝部位至少保留三层台阶型的工作面，工作面相邻断面的横向间距宜大于300mm，后一次喷涂时也应逐层呈搭接状喷涂施工以保证层与层以及两次喷涂之间的良好结合。

（9）细部节点喷涂应依据细部构造进行喷涂并额外增加1~2遍喷涂以达到局部增强的效果。喷涂过程中随时检查泡沫质量，外观应平整，无脱层、发脆、发软和闭孔不好等现象。如发现问题应及时停机，查明原因并做妥善处理。喷涂过程中，压缩空气不能中断，施工间歇时先停物料泵，待料管中的物料吹净后再停空气压缩机。见图4-32~图4-36。

图4-31 屋面聚氨酯防水保温层施工
注：根据以往施工经验，喷枪与基层间的距离为800~1200mm，移动速度要均匀。

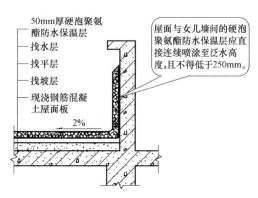

图4-32 女儿墙聚氨酯防水保温层喷涂

50mm厚硬泡聚氨酯防水保温层
找水层
找平层
找坡层
现浇钢筋混凝土屋面板
2%

屋面与女儿墙间的硬泡聚氨酯防水保温层应直接连续喷涂至泛水高度，且不得低于250mm。

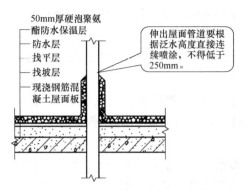

图 4-33 出屋面管道聚氨酯防水保温层喷涂　　　图 4-34 屋面烟道聚氨酯防水保温层喷涂

注：细部节点喷涂应依据细部构造进行喷涂并额外
增加 1～2 遍喷涂以达到局部增强的效果。

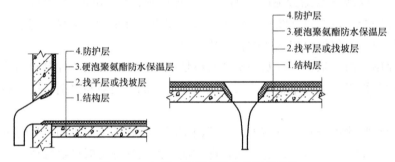

图 4-35 水落口聚氨酯防水保温层喷涂

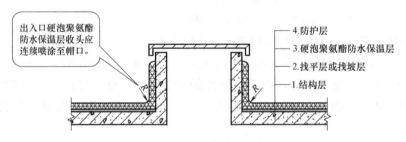

图 4-36 垂直出入口聚氨酯防水保温层喷涂

4.5.5 屋面保温工程质量验收

（1）保温层的质量：首先是保温材料的质量要合格，并应符合设计要求，尤其是含水率要符合设计要求，这是最根本的，是主控项目。低吸水率的保温材料在铺设前只检查原材料是否合格就可以。高吸水率的保温材料，还应检查完工后防水层的含水率，保温材料的堆积密度或表观密度、导热系数以及板材的强度、吸水率，检查出厂合格证、质量检验报告和现场抽样复验报告。

（2）保温层的铺设：基层应平整、干燥，避免保温层铺设后吸收基层中的水分，导致导热系数增大，降低保温效果。水分汽化时会使防水层鼓泡，导致局部渗漏。现场用 2m 靠尺检查保温层的平整度，保温材料应紧贴基层，铺平垫稳，拼缝严密，找坡正确。

（3）整体现浇保温层：拌合均匀，分层铺设，压实适当，表面平整，找坡正确。保温层的厚度应符合设计规范要求，现场用钢针插入进行检测，保温层的厚度体现了屋面保温的效果，保温板过厚浪费材料，保温板过薄则达不到设计要求，松散保温材料和整体现浇保温层的厚度偏差为＋10％，－5％；板状保温材料保温层的厚度偏差为±5％，且不大于4mm。同时还应检查热桥部分处理是否符合要求。见图4-37、图4-38。

卷材保温层铺设应相互错缝，不得小于1/3，并且拼缝应严密。

由于现实施工中雨后为了赶工期，屋面潮湿未进行干燥处理，水分汽化时会使防水层鼓泡，导致局部渗漏，还会降低保温效果。

图 4-37　屋面保温层施工注意事项（一）　　　图 4-38　屋面保温层施工注意事项（二）

（4）屋面保温层工程检验批由监理工程师（建设单位项目负责人）组织施工单位项目专业（技术）负责人等进行验收。屋面保温层验收按屋面面积每100m² 检查一处，每处 10m²，且不得少于 3 处，细部构造全数检查。屋面应检查是否按设计要求铺设防火隔离带。在已铺好的板状、整体保温层上不得施工，应采取必要措施保证保温层不受损坏。保温层施工完成且含水量符合要求后，应及时铺抹水泥砂浆找平层，以保证保温效果。

4.6　常见屋面防水卷材施工

4.6.1　高聚物改性沥青防水卷材施工

高聚物改性沥青防水卷材以合成高分子聚合物改性沥青为涂盖层，纤维织物或纤维毡为胎体，粉状、粒状、片状或薄膜材料为覆面材料制成可卷曲的片状材料。以沥青基为主体。最小厚度应符合设计要求。见表4-10、表4-11

卷材厚度选用表（mm）　　　　　　　　　　　　　　表 4-10

防水等级	合成高分子防水卷材＋合成高分子防水涂膜	自粘聚合物改性沥青防水卷材(无胎)＋合成高分子防水涂膜	高聚物改性沥青防水卷材＋高聚物改性沥青防水涂膜	聚乙烯丙纶卷材＋聚合物水泥防水胶结材料
Ⅰ级	1.2＋1.5	1.5＋1.5	3.0＋2.0	(0.7＋1.3)×2
Ⅱ级	1.0＋1.0	1.2＋1.0	3.0＋1.2	0.7＋1.3

高聚物改性沥青防水卷材铺设方法主要有：冷粘法、热熔法和自粘法。热熔法不需涂刷胶粘剂，直接用火焰烘烤后与基层粘贴，能降低造价，当气温较低或基层略有湿气时尤为合适。热熔法一般在涂刷基层处理剂 8h 后进行，火焰加热器的喷嘴距卷材面的距离约为 0.5m，与基层成 45°～60°角。见图 4-39。

高聚物改性沥青防水卷材的物理性能   表 4-11

项目		指　　标				
		聚酯毡胎体	玻纤毡胎体	聚乙烯酯胎体	自粘聚酯胎体	自粘无胎体
可溶物含量(g/m²)		3mm 厚≥2100 4mm 厚≥2900		—	2mm 厚≥1300 3mm 厚≥2100	—
拉力(N/50mm)		≥500	纵向≥350	≥200	2mm 厚≥350 3mm 厚≥450	≥150
延伸率(%)		最大拉力时 SBS≥30 APP≥25	—	断裂时 ≥120	最大拉力时 ≥130	最大拉力时 ≥200
耐热度(℃,2h)		SBS 卷材 90,APP 卷材 110, 无滑动、流淌、滴落		PEE 卷材 90, 无流淌、起泡	70,无滑动、 流淌、滴落	70,滑动 不超过 2mm
低温柔性(℃)		SBS 卷材－20;APP 卷材－7; PEE 卷材－20			－20	
不透水性	压力(MPa)	≥0.3	≥0.2	≥0.4	≥0.3	≥0.2
	保持时间(min)	≥30			≥120	

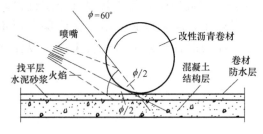

图 4-39　熔焊火焰与卷材和基层表面的相对位置

加热卷材应均匀，以热熔胶层出现黑色光泽、发亮至稍有微泡出现为最佳，不得过分加热或烧穿卷材，热熔后应立即滚铺卷材，滚铺时应排除卷材下面的空气，使之平展无折皱，并用辊压粘结牢固。搭接部位应采用热风焊枪加热，接缝部位必须溢出热熔的改性沥青胶，随即刮平封口、粘贴牢固。热熔卷材可采用满粘法和条粘法，满粘法采用滚铺法施工，条粘法采用展铺法施工。见图 4-40。

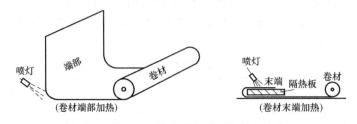

图 4-40　防水卷材端部加热

热熔法施工工艺流程：清理基层→涂刷基层处理剂→铺贴卷材附加层→铺贴卷材→热熔封边→蓄水试验→施工保护层。

86

1. 准备施工及作业条件

施工前审核图纸，编制防水工程施工方案，屋面防水工程必须由具备相应资质等级的专业施工队伍施工，作业人员必须持证上岗。并进行详细的技术交底。

防水卷材必须有出厂质量合格证，有相应资质等级检测部门出具的检测报告、产品性能报告和使用说明书。进场后进行外观检查，对卷材厚度进行实测。合格后按规范要求取样送检。见图 4-41、图 4-42。

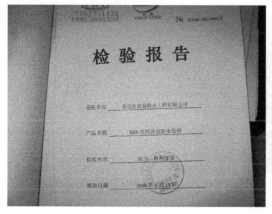

图 4-41 防水卷材检验报告

注：防水卷材检验报告内容包括不透水性、吸水性、耐热度、拉力、柔度等项目。

图 4-42 防水卷材出厂质量合格证

注：防水卷材必须有出厂质量合格证。

找平层施工完毕，并经养护、干燥；找平层坡度符合设计要求，不得出现倒坡，不得有空鼓、开裂、起砂、脱皮等；各种管根抹圆角。出屋面各种管道、避雷设施施工完毕，会同专业技术负责人、相关工长、质检员进行工序交接检查，合格后填写相应检查、验收表格方可进行防水层的施工。不同品种、标号、规格的卷材应分别直立堆放，高度不得超过 2 层。避免雨淋、日晒和受潮，严禁接近火源和热源，避免与化学介质和有机溶剂等有害物质接触。见图 4-43、图 4-44。

铺设屋面隔气层和防水层前，首先检查找平层的质量和干燥程度，基层必须干净、干燥且符合要求后方可进行铺设。在大面积涂刷前，应用毛刷对屋面节点、周边、拐角等部位进行处理。然后将一块 $1m^2$ 的卷材平坦干铺在找平层上，静置 3～4h 后掀开检查，找平层覆盖部位无水印即可铺设。

2. 基层处理

基层处理剂具有较强的渗透性和憎水性，能增强沥青胶结材料与找平层的粘结力。基层处理剂的涂刷一般在找平层干燥后进行，涂刷应薄而均匀，不得有空白、麻点或气泡。喷涂冷底子油的作用主要是使沥青胶粘材料与水泥砂浆或混凝土基层加强粘结。冷底子油在未完全结硬的水泥砂浆找平层表面形成一道沥青封闭层，待冷底子油中的溶剂挥发后，沥青就会被吸附在基层表面形成一层稳定的沥青薄膜，能与沥青胶粘材料牢固粘结。施工中常常出现基层清理不干净造成卷材开裂、空鼓、翘边等现象。见图 4-45。

冷底子油喷涂要点：在水泥基层上涂刷慢挥发性冷底子油的干燥时间一般为 12～48h，快挥发性冷底子油的干燥时间一般为 5～10h。当冷底子油干燥后，应立即进行卷材铺贴，以防止基层浸水，如果基层浸水了，必须待基层干燥后，才能进行卷材铺贴，以防止卷材防水层鼓泡。冷底子油常用的涂刷方法有三种，即浇油法、刷油法、喷油法。

图 4-43　防水卷材的存放

注：严禁接近火源和热源，卷材宜直立堆放，由于卷材中空，横放容易压扁，卷材铺贴时不易展开。

卷材防水层在转角处应做成圆弧，圆弧半径为50mm。

图 4-44　屋面细部处理

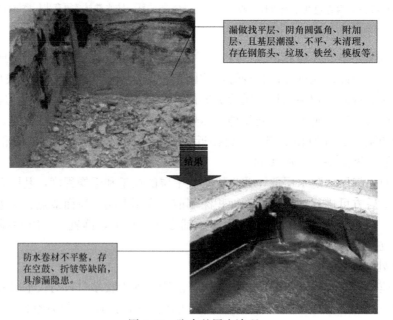

漏做找平层、阴角圆弧角、附加层、且基层潮湿、不平、未清理，存在钢筋头、垃圾、铁丝、模板等。

结果

防水卷材不平整，存在空鼓、折皱等缺陷，具渗漏隐患。

图 4-45　防水基层未清理

（1）浇油法。一人浇冷底子油，一人或两人用胶皮刮板涂刮。见图 4-46。

（2）刷油法。将两个小棕刷钉在木板上（木板尺寸为 300mm×150mm×15mm），然后装上长柄，作为刷冷底子油的刷子，使用时一人浇油，一人用刷子刷开。见图 4-47。

（3）喷油法。用喷油器喷油。三种方法中喷油法效果最好。

3. 节点附加层处理附加层一般设置在屋面容易渗漏、防水层易被破坏的地方，附加层设置得当，可以起到事半功倍的效果。附加层应在基层处理剂干燥后，按设计节点构造

图 4-46 浇油法涂刷冷底子油

图 4-47 刷油法涂刷冷底子油

图或图纸要求做好女儿墙、水落管、管根、檐口、阴阳角等细部增强处理。屋面找平层分格缝等部位，宜设置卷材空铺附加层，以保证基层变形时防水层有足够的变形空间，避免防水层被撕裂。其空铺宽度不宜小于 100mm。附加层卷材应与防水层卷材一致，同时为了节约成本，应根据规范要求选择最合适的附加层厚度，避免过度浪费。附加层最小厚度要求见表 4-12，附加层做法见图 4-48～图 4-53。

附加层最小厚度要求   表 4-12

附加层材料	最小厚度(mm)
合成高分子防水卷材	1.2
高聚物改性沥青防水卷材(聚酯胎)	3.0
合成高分子防水涂料、聚合物水泥防水涂料	1.5
高聚物改性沥青防水涂料	2.0

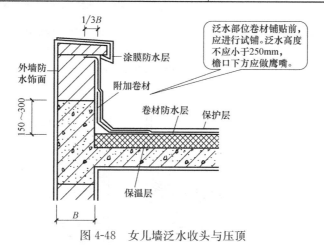

图 4-48 女儿墙泛水收头与压顶

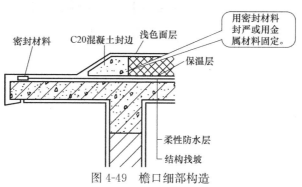

图 4-49 檐口细部构造

89

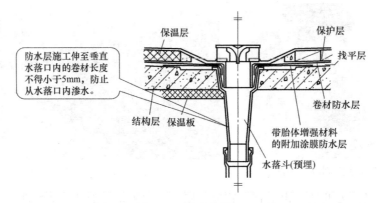

图 4-50 垂直水落口

防水层施工伸至垂直水落口内的卷材长度不得小于5mm,防止从水落口内渗水。

保温层
保护层
找平层
卷材防水层
结构层　保温板
带胎体增强材料的附加涂膜防水层
水落斗(预埋)

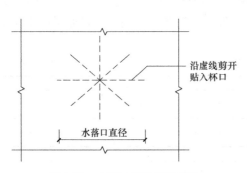

沿虚线剪开贴入杯口

水落口直径

图 4-51　水落口处卷材裁剪处

图 4-52　屋面附加层施工

注:卷材大面积施工前,必须按要求铺设附加层,往往施工中不太重视附加层的施工。

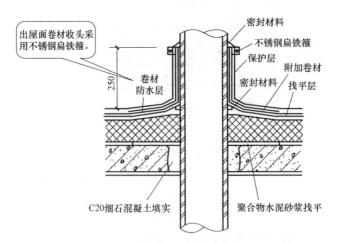

出屋面卷材收头采用不锈钢扁铁箍。

密封材料
不锈钢扁铁箍
保护层
附加卷材
密封材料
找平层
卷材防水层
250
C20细石混凝土填实
聚合物水泥砂浆找平

图 4-53　出屋面管道做法

4. 卷材搭接宽度和搭接方式及施工方法

屋面防水卷材搭接宽度是防水层防水质量好坏的关键,卷材与基层连接方式有四种:满粘、条粘、点粘、空铺。在工程应用中根据建筑部位、使用条件、施工情况,可以选用其中一种或两种,通常应在图纸上注明。

卷材与基层各连接方式具体做法及适用条件见表 4-13；卷材防水层施工方法及适用范围见表 4-14。

卷材与基层各连接方式具体做法及适用条件　　　　　　　表 4-13

铺贴方法	具 体 做 法	适 用 条 件
满粘法	又称全粘法,即在铺贴防水卷材时,卷材与基面全部粘结牢固的施工方法,通常热熔、冷粘、自粘法使用这种方法粘贴卷材	屋面防水面积较小,结构变形不大,找平层干燥
空铺法	铺贴防水卷材时,卷材与基面仅在四周一定宽度内粘结,其余部分不粘结的施工方法。施工时檐口、屋脊、屋面转角、伸出屋面的出气孔、烟囱根等部位采用满粘,粘结宽度不小于 80mm	适用于基层潮湿、找平层水汽难以排出及结构变形较大的屋面
条粘法	铺贴防水卷材时,卷材与基面采用条状粘结的施工方法,每幅卷材粘结面不少于 2 条,每条粘结宽度不少于 150mm,檐口、屋脊、伸出屋面管口等细部做法同空铺法	适用于结构变形较大、基面潮湿、排气困难的屋面
点粘法	铺贴防水卷材时,卷材与基面采用点粘的施工方法,要求每平方米范围内至少有 5 个粘结点,每点面积不少于 100mm×100mm,屋面四周粘结,檐口、屋脊、伸出屋面管口等细剖做法同空铺法	适用于结构变形较大、基面潮湿、排气有一定困难的屋面

卷材防水层施工方法及适用范围　　　　　　　表 4-14

名称	做 法	适 用 范 围
热熔法	采用火焰加热熔化防水卷材底部热熔胶进行粘结的方法	底层涂有热熔胶的高聚物改性沥青防水卷材。例如 SBS、APP 改性沥青防水卷材
热风焊接法	采用热空气焊枪加热卷材搭接缝进行粘结的方法	合成高分子防水卷材搭接缝焊接。例如 PVC 高分子防水卷材
冷粘法	采用胶粘剂进行卷材与基面、卷材与卷材之间粘结的方法	高分子防水卷材、高聚物改性沥青防水卷材。例如三元乙丙、氯化聚乙烯、SBS 改性沥青防水卷材
自粘法	采用带有自粘胶的防水卷材,无需涂刷胶粘剂。直接粘贴在基面上	自粘高分子防水卷材、自粘高聚物改性沥青防水卷材
机械钉压法	采用镀锌钢钉或铜钉固定防水卷材的方法	多用于木基面上铺设高聚物改性沥青防水卷材或穿钉后热风焊接搭接缝,局部固定基面的高分子防水卷材
压埋法	卷材与基面大部分不粘结,上面采用卵石压埋,但搭接缝及周边要全粘	用于空铺法、倒置式屋面

防水卷材通过搭接在屋面上形成连续的防水层,搭接缝是卷材防水成败的关键,足够的搭接宽度是保证搭接缝防水质量的基础,卷材的搭接宽度越大,卷材接缝防水的可靠度越高,但卷材的损耗越大,因此卷材搭接宽度既要保证接缝防水的可靠性,同时又要兼顾经济性的要求。卷材的搭接宽度与卷材的种类、铺贴方法、接缝施工方法等因素有关（见表 4-15）,搭接部位应采用热风焊枪加热,接缝部位必须溢出热熔的改性沥青胶,随即刮平封口、粘贴牢固。见图 4-54、图 4-55。

卷材搭接宽度　　　　　　　表 4-15

卷材类别		搭接宽度(mm)
合成高分子防水卷材	胶粘剂	80
	胶粘带	50
	单缝焊	60,有效焊接宽度不小于 25
	双缝焊	80,有效焊接宽度 10×2＋空腔宽
高聚物改性沥青防水卷材	胶粘剂	100
	自粘	80

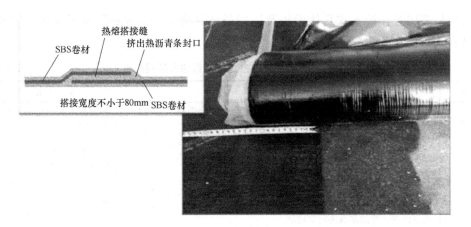

图 4-54　防水卷材搭接宽度

注：防水卷材的搭接宽度不得小于规范要求。

图 4-55　防水卷材封口

注：接缝部位必须溢出热熔的改性沥青胶，随即刮平封口、粘贴牢固，不得过度加热。

5. 卷材的铺贴方向

当屋面坡度小于 3％时，卷材宜平行于屋脊铺贴；当屋面坡度在 3％～15％时，卷材可平行或垂直于屋脊铺贴；当屋面坡度大于 15％或屋面受振动时，卷材应垂直于屋脊铺贴；上下两层卷材不得相互垂直铺贴。平行于屋脊铺贴时，应从天沟或檐口开始向上逐层铺贴，两幅卷材的长边搭接应顺流水方向，长边搭接宽度不小于 80mm（满粘法）或 100mm（空铺法、点粘法、条粘法）；短边搭接应顺主导风向，搭接宽度不小于 100mm（满粘法）或 150mm（空铺法、点粘法、条粘法）。相邻两幅卷材短边搭接缝应错开不小于 500mm，上下两层卷材应错开 1/3 或 1/2 幅卷材宽度。平行于屋脊铺贴可一幅卷材一铺到底，工作面大、接头少、效率高，利用了卷材横向抗拉强度高于纵向抗拉强度的特点，防止卷材因基层变形而产生裂缝。见表 4-16、图 4-56～图 4-61。

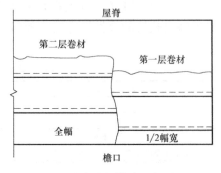

图 4-56　防水卷材铺贴示意图（一）

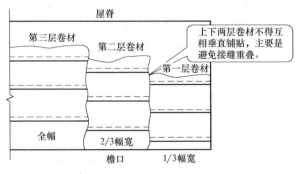

图 4-57　防水卷材铺贴示意图（二）

铺贴位置或方式	屋面坡度		
	小于 3%	大于 3%或屋面有振动时	大于 25%
大面积屋面	平行于屋脊	平行或垂直于屋脊	应采取防止卷材下滑的措施
叠屋铺贴时	上下两层卷材不得互相垂直		
铺贴天沟、檐沟卷材时	宜顺天沟、檐沟方向,减少搭接		

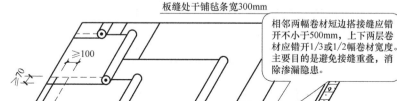

板缝处干铺毡条宽300mm

相邻两幅卷材短边搭接缝应错开不小于500mm,上下两层卷材应错开1/3或1/2幅卷材宽度。主要目的是避免接缝重叠,消除渗漏隐患。

图 4-58　防水卷材搭接示意图

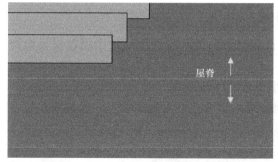

图 4-59　平行于屋脊铺贴示意图

注:平行于屋脊铺贴,其目的主要是保证卷材长边接缝顺水流方向。

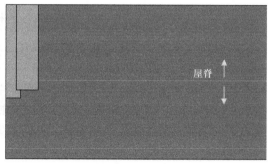

图 4-60　垂直于屋脊铺贴示意图

注:当屋面坡度＞15%或受振动时垂直于屋脊铺贴,垂直于屋脊的搭接缝应顺当地年最大频率风向搭接。

　　垂直于屋脊铺贴时,则应从屋脊向檐口铺贴,压边顺主导风向,接头顺流水方向,屋脊处不能留设搭接缝,必须使卷材相互越过屋脊交错搭接以增强屋脊的防水性和耐久性。铺贴大面积屋面防水卷材前,应先对落水口、天沟、女儿墙和沉降缝等地方进行加强处理,做好泛水处理,再铺贴大面积屋面的卷材。当铺贴连续多跨或高低跨屋面时,应按先高跨后低跨、先远后近的顺序进行。在一个单跨铺贴时,应先铺贴排水比较集中的部位,例如天沟、水落口、檐口,再铺贴附加层,由低向高,使卷材按流水方向铺贴。见图 4-62、图 4-63。

图 4-61　防水卷材铺贴实例（3 人操作）

注:应随时注意卷材的平整、顺直和搭接的宽度。

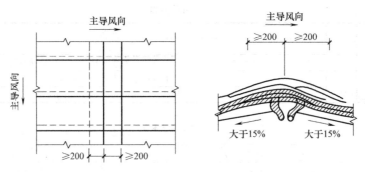

图 4-62　卷材垂直于屋脊铺贴要求

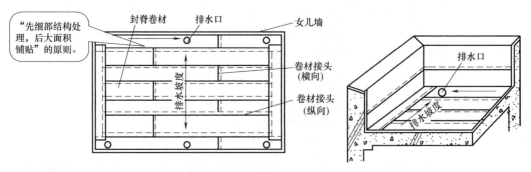

图 4-63　卷材配置示意图

实际施工中由于技术交底不到位或是卷材施工人员技术不到位经常出现卷材反向搭接，存在渗漏。见图 4-64。

第一道卷材施工前，基层含水率经测试小于 9%，采用 1m² 的卷材覆盖在找平层上，静置 3~4h，用手掀开后检查卷材与基层接触面无水印后方可大面积施工。卷材搭接缝顺流水方向铺贴，搭接缝应弹线控制。见图 4-65、图 4-66。

图 4-64　屋面卷材反向搭接实例

注：施工前做好技术交底，重视施工过程中检查，避免出现卷材反向搭接现象。

图 4-65　防水卷材顺水流方向铺贴

第二道卷材施工时，上下平行铺贴，第二道卷材和第一道卷材搭接宽度不小于卷材幅宽的 1/3，相邻两幅卷材短边搭接错缝大于 500mm，卷材搭接缝顺流水方向铺贴。搭接部位应采用热风焊枪加热，接缝部位必须溢出热熔的改性沥青胶，随即刮平封口、粘贴牢固。见图 4-67、图 4-68。

图 4-66 防水卷材干燥检查

图 4-67 防水卷材搭接位置

注：第二道卷材和第一道卷材搭接宽度不小于卷材幅宽的 1/3。

图 4-68 防水卷材封口

注：接缝部位必须溢出热熔的改性沥青胶，8mm 为最佳，随即刮平封口、粘贴牢固。

防水卷材施工顺序：由屋面最低标高处向上施工，铺贴天沟、檐沟卷材时，宜顺天沟、檐口方向，减少搭接。铺贴多跨和有高低跨的屋面时，应按先高后低、先远后近的顺序进行，大面积屋面卷材施工时，为提高施工效率，可根据面积大小、屋面形状、施工工艺顺序、人员数量等划分施工流水段，流水段的界线宜设在屋脊、天沟、变形缝等处。见图 4-69。

6. 屋面防水卷材施工质量验收

（1）依据《屋面工程质量验收规范》GB 50207—2012 卷

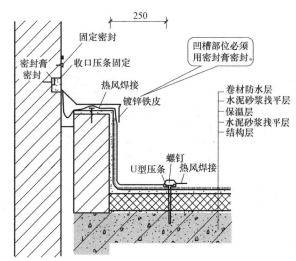

图 4-69 高低跨变形缝防水做法大样

材防水层施工后，应对防水卷材进行隐蔽工程验收，现场实测卷材的搭接长度是否符合设计要求。观察防水卷材是否有空鼓、翘边、扭曲、折皱及相邻两幅卷材短边搭接是否错缝，且不得小于500mm，上下两层卷材长边搭接是否错开不小于卷材幅宽1/3。卷材接口处是否用密封材料密封，并且不得小于10mm。

（2）如果卷材采用热熔法铺贴，应观察卷材是否有加热不足或烧伤卷材现象。检查天沟、檐口部位800mm范围内卷材铺贴是否采用满粘法及坡度是否符合设计要求。检查卷材收头金属压条固定后，是否用密封材料密封。施工中卷材收头用金属压条固定后，不进行密封，也是经常出现渗漏的地方。

（3）卷材施工完成后，应对屋面细部构造进行全部检查，泛水凹槽是否密封、出屋面管道上翻高度是否大于250mm，观察水落口周围坡度是否符合设计要求。细部构造也是实际施工中经常出现渗漏的地方，因此应加强细部的验收工作。

图 4-70　防水卷材厚度检查

图 4-71　防水卷材成型质量检查

注：SBS卷材防水层成型应顺直，不得空鼓和翘边。

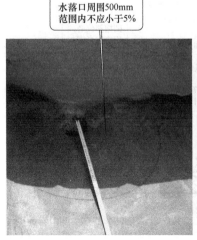

图 4-72　水落口周围找坡检查

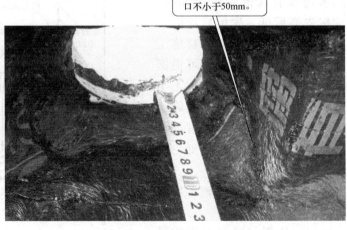

图 4-73　水落口卷材铺贴检查

（4）卷材验收合格后，应做蓄水试验，蓄水前对所有有碍试验的屋面洞口进行密实封堵。蓄水试验按屋面施工流水段分段进行，屋面最高处水深不得低于20mm，24后，重点检查屋面细部构造如天沟、檐沟、出屋面管道、出屋面风道等处是否出现渗水现象。若屋面无渗水现象，则将水从完毕的屋面排水系统排出，并观察水落口周围及天沟、檐沟周围是否有积水现象。同时做好蓄水试验记录，方可施工防水层上部防水保护层。见图4-70～图4-79。

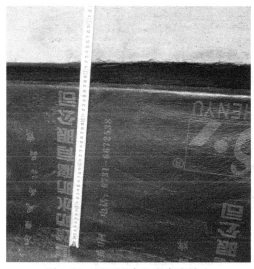

图4-74　屋面泛水上翻高度检查

图4-75　屋面泛水压条固定点检查

图4-76　出屋面管道上翻高度检查

图4-77　屋面闭水试验

注：闭水试验合格后，将水从屋面排水系统排出后，观察细部是否有积水现象。

4.6.2　高聚物改性沥青防水卷材冷粘法施工

冷粘法铺贴高聚物改性沥青防水卷材，是指用高聚物改性沥青胶粘剂或冷玛琋脂将高聚物改性沥青防水卷材粘贴于涂有冷底子油的屋面基层上。高聚物改性沥青防水卷材施工不同于沥青防水卷材多层做法，通常只是单层或多层设防。因此，每幅卷材铺贴位置必须准确，

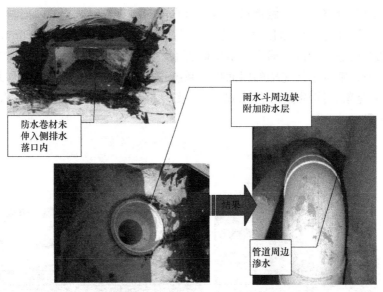

防水卷材未伸入侧排水落口内

雨水斗周边缺附加防水层

结果

管道周边渗水

图 4-78　屋面防水细部未按要求铺贴

屋面水落口留置标高偏差大，会降低排水功能，施工前应做好技术交底。

图 4-79　水落口周围未按要求设置坡度

搭接宽度必须符合要求。其施工应符合以下要求：根据防水工程的具体情况，确定卷材的铺贴顺序和铺贴方向，并在基层上弹出基准线，然后沿基准线铺贴卷材。

胶粘剂涂刷应均匀，不露底，不堆积。卷材空铺、点粘、条粘时，应按规定的位置及面积涂刷胶粘剂。根据胶粘剂的性能，应控制胶粘剂涂刷与卷材铺贴的间隔时间。基层处理剂涂刷应均匀，对于屋面节点、周边、转角等部位用毛刷先行涂刷。见图 4-80。

复杂部位例如管根、水落口、烟囱底部等易发生渗漏的部位，可在其中心 200mm 左右范围内先均匀涂刷一遍改性沥青胶粘剂，涂胶后随即粘贴一层聚酯纤维无纺布，并在无纺布上再涂刷一遍厚度 1mm 左右的改性沥青胶粘剂，使其干燥后形成一层无接缝的整体防水涂膜增强层。铺贴卷材时应平整顺直，搭接尺寸准确，不得扭曲、折皱。见图 4-81。

搭接部位的接缝应满涂胶粘剂，辊压粘贴牢固。铺贴卷材时，可按照卷材的配置方案，边涂刷胶粘剂，边滚铺卷材。在铺贴卷材时应及时排除卷材下面的空气，并辊压粘结牢固，避免出现空鼓。搭接缝部位最好采用热风焊机或火焰加热器（热熔焊接卷材的专用工具）或汽油喷灯加热，以接缝卷材表面熔融至光亮黑色时，即可进行粘合，封闭严密。采用冷粘法时，搭接缝口应用材性相容的密封材料封严，宽度不应小于 10mm。

高聚物改性沥青防水卷材冷粘法施工的操作工艺流程如下：清理基层→涂刷基层处理剂→节点附加增强处理→定位、弹基准线→涂刷基层胶粘剂→粘贴防水卷材→卷材接缝粘贴→卷材接缝密封→蓄水试验→保护层施工—检查验收。高聚物改性沥青防水卷材冷粘法施工的操作要点：

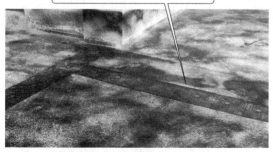

图 4-80　防水卷材胶粘剂涂刷

图 4-81　防水卷材铺贴实例（1人操作）
注：铺贴卷材时应平整顺直，搭接宽度采用胶粘剂时
为 100mm、自粘时为 80mm，不得扭曲、折皱。

（1）清理基层。剔除基层上的隆起异物，清除基层上的杂物，清扫干净尘土。实际施工中经常出现基层清理不干净，局部灰渣清理不到位，卷材铺贴后出现空鼓或是破坏卷材等现象。见图 4-82。

（2）涂刷基层处理剂。高聚物改性沥青防水卷材的基层处理剂可选用氯丁沥青胶乳、橡胶改性沥青溶液、沥青溶液等。将基层处理剂搅拌均匀，先行涂刷节点部位一遍，然后进行大面积涂刷，涂刷应均匀，不得过厚、过薄或露白。一般涂刷 4h 左右，方可进行下道工序的施工。涂刷基层处理剂是卷材铺贴质量的关键，因此实际施工中应重点检查基层处理剂涂刷的均匀程度及厚度是否符合设计要求。基层处理剂涂刷不均匀或过薄会造成卷材粘结质量差，导致卷材粘结不牢，出现空鼓等现象。

（3）节点附加增强处理。在构造节点部位及周边 200mm 范围内，均匀涂刷一层厚度不小于 1mm 的弹性沥青胶粘剂，随即粘贴一层聚酯纤维无纺布，并在无纺布上面再涂一层厚 1mm 的胶粘剂，构成无接缝的增强层。见图 4-83。

图 4-82　防水卷材基层清理
注：用水冲洗后，必须使基层干燥后方可进行卷材
铺贴。

图 4-83　细部构造

（4）涂刷基层胶粘剂。基层胶粘剂的涂刷可用胶皮刮板进行，要求涂刷在基层上，厚薄均匀，不露底、不堆积，厚度约为 0.5mm。

（5）粘贴防水卷材。胶粘剂涂刷后，根据其性能，控制其涂刷的间隔时间，一人在后均匀用力推擀铺贴卷材，并注意排除卷材下面的空气，一人手持压辊辊压卷材面，使之与基层更好地粘结。卷材与立面的粘贴，应从下面均匀用力往上推赶，使之粘结牢固。见图 4-84、图 4-85。

图 4-84　基层清理

图 4-85　防水卷材铺贴操作实例

注：一人在后均匀用力推擀铺贴卷材，并注意排除卷材下面的空气。

当气温较低时，可考虑用热熔法施工。整个卷材的铺贴应平整顺直，不得扭曲、折皱等。

（6）卷材接缝粘结。卷材接缝处应满涂胶粘剂（与基层胶粘剂同一品种），在合适的间隔时间后，使接缝处卷材粘结，并辊压之，溢出的胶粘剂随即刮平封口。见图4-86、图4-87。

图4-86　防水卷材接缝处理

注：推擦铺贴卷材，并注意排除卷材下面的空气，一旦有空气存在，随温度升高气体会出现膨胀使卷材粘结不良、空鼓。

图4-87　基层胶粘剂涂刷

注：基层胶粘剂的涂刷可用胶皮刮板进行，要求涂刷在基层上，厚薄均匀，不露底、不堆积，厚度约为0.5mm。

4.6.3　自粘型高聚物改性沥青防水卷材自粘法施工

自粘型高聚物改性沥青防水卷材施工方法简单、易于操作，在铺贴前应将基层处理干净，并涂刷基层处理剂，干燥后，应及时铺贴自粘型高聚物改性沥青防水卷材。自粘型高聚物改性沥青防水卷材在工厂生产过程中，在其底面涂上一层高性能的胶粘剂，胶粘剂表面敷有一层隔离纸。施工中剥去隔离纸，就可以直接铺贴。见图4-88。

自粘型高聚物改性沥青防水卷材施工方法与自粘型高分子防水卷材施工方法相似。但对于搭接缝的处理，为了保证搭接缝粘结性能，搭接部位提倡用热风枪加热，尤其在较低温度下施工时，这一措施更为必要。自粘法铺贴防水卷材应符合下列规定：

（1）铺贴卷材前，基层表面应均匀涂刷基层处理剂，干燥后及时铺贴卷材。铺贴卷材时应将自粘胶底面的隔离纸完全撕净。

（2）铺贴卷材时应排除卷材下面的空气，并辊压粘贴牢固。铺贴的卷材应平整顺直，搭接尺寸准确，不得扭曲、折皱。低温施工时，立面、大坡面及搭接部位宜采用热风机加热，加热后随即粘贴牢固。

（3）搭接缝口应采用材性相容的密封材料封严。

（4）卷材滚铺时，自粘型高聚物改性

图4-88　自粘型高聚物改性沥青防水卷材铺贴

注：胶粘剂表面敷有一层隔离纸。施工中剥去隔离纸，就可以直接铺贴。否则无法完全粘结。

沥青防水卷材要稍微拉紧一点，不能太松弛，应排除卷材下面的空气，并辊压粘结牢固。

自粘型高聚物改性沥青防水卷材上表面有一层防粘层（聚乙烯薄膜或其他材料），在铺贴卷材前，应将相邻卷材待搭接部位上表面的防粘层先熔化掉，使搭接缝能粘贴牢固。

操作时一人手持汽油喷灯沿搭接缝线熔烧待搭接卷材表面的防粘层。粘结搭接缝时，应掀开搭接部位卷材，用偏头热风枪加热搭接卷材底面的胶粘剂并逐渐前移。另一人随其后，把加热后的搭接部位卷材用棉布由里向外予以排气，并抹压平整。最后紧随一人手持压辊滚压搭接部位，使搭接缝密实。

加热时应注意控制好加热温度，其控制标准为手持压辊压过搭接卷材后，使搭接边末端胶粘剂稍有外溢。搭接缝粘贴密实后，所有搭接缝均用密封材料封边，宽度应不小于10mm。铺贴立面、大坡面卷材时，可采用加热方法使自粘卷材与基层粘结牢固，必要时还应加钉固定。

施工中应注意的质量问题：（1）屋面不平整、找平层不平顺，造成积水，施工时应找好线、放好坡，找平层施工中应拉线检查。依据施工图纸设计坡度找出做到坡度的最高点和最低点，用线将两端连接就是排水的坡度。保证找平层顺直、平整，防止出现坡度过小或是倒坡现象。（2）铺贴卷材时基层不干燥，铺贴不认真，边角处易出现空鼓。铺贴卷材应掌握基层含水率，不符合要求不能铺贴卷材，同时铺贴应平、实，压边紧密，粘结牢固。基层过于潮湿时，自然晾干或是用热风机进行吹干，干燥程度必须符合要求，否则卷材铺贴完成后经常会出现空鼓。（3）渗漏多发生在细部位置。铺贴附加层时，应使附加层紧贴到位，封严、压实，不得有翘边等现象。卷材的铺贴宽度应符合设计要求，卷材宽度不得过小。同时还应做好技术交底。实际施工时，由于技术交底不到位或是检查不到位，工人直接进行卷材铺贴，后进行细部附加层的铺设，增加细部构造的渗漏。见图 4-89。

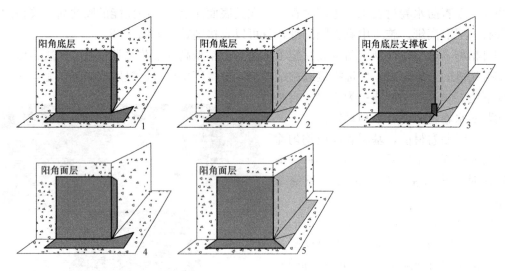

图 4-89　阳角附加层裁剪示意图

4.6.4　合成高分子防水卷材施工

合成高分子防水卷材可在防水等级为Ⅰ、Ⅱ级的屋面防水层中使用。Ⅱ级屋面应一道设防，卷材厚度不小于 1.2mm；Ⅰ级屋面应两道或两道以上设防，卷材厚度不小于

1.5mm。胶粘剂由厂家配套供应,单组分胶粘剂只需开桶搅拌均匀即可使用,双组分胶粘剂须严格按厂家的配合比和配制方法进行计量、掺合、搅拌均匀方能使用,胶粘剂为不同品种时,不得混用。胶粘剂应均匀涂刷在卷材的背面,不得涂刷过薄而露底,也不得涂刷过多而堆积。搭接缝部位不得涂刷胶粘剂,此部位留作涂刷接缝胶粘剂。某些卷材要求卷材背面和基层表面均涂刷胶粘剂。见图4-90。

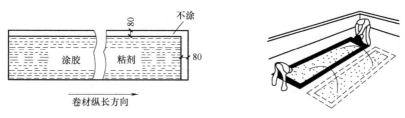

图 4-90　卷材涂胶部位及粘贴方法

　　卷材铺贴根据胶粘剂的性能和施工环境的不同而有不同的要求,有的要求胶粘剂涂刷后立即铺贴,有的要求胶粘剂涂刷后静置10~30min,用手指触不粘手时即可开始铺贴。铺贴时卷材不得折皱,也不得用力拉伸卷材,应排除卷材下面的空气,辊压粘贴牢固。见图4-91。

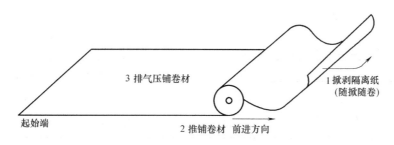

图 4-91　自粘型防水卷材滚铺法施工示意图

　　三元乙丙橡胶防水卷材冷粘贴施工:

　　(1)基层清理。剔除基层凸起异物,清扫干净尘土,因卷材较薄,极易被刺穿,所以必须把基层清理干净。

　　(2)涂刷基层处理剂。一般是将聚氨酯防水涂料的甲料、乙料和二甲苯按1:1.5:3的比例配合,搅拌均匀,再用长把滚刷蘸取这种混合料,均匀涂刷在干净、干燥的基层表面上,涂刷时不得漏涂,也不应有堆积现象,待基层处理剂固化干燥后(一般4h以上),再铺贴卷材。

　　(3)细部构造处理。对于水落口、天沟、檐沟、伸出屋面的管道、阴阳角等部位,在大面积铺贴卷材前,必须用合成高分子防水涂料做附加层,进行加强处理。刮涂的宽度以距中心200mm以上为宜,一般涂刷2~3遍,涂膜厚度以1.5~2mm为宜。

　　(4)涂刷基层胶粘剂。先将与卷材相容的专用配套胶粘剂搅拌均匀,方可进行涂布施工。基层胶粘剂可涂在基层底面或涂在基层和卷材底面,涂刷应均匀、不露底,应按规定的位置和面积涂刷。除女儿墙、阴角部位的第一张卷材须满涂外,其余卷材搭接部位的长边和短边各80mm处不涂刷胶粘剂,涂胶后静置20~40min,待胶膜基本干燥后,指触不粘时,即可进行铺贴。

（5）定位、弹基准线。按卷材排布位置弹出定位线和基准线。

（6）防水卷材粘贴。粘贴时，将刷好基层胶粘剂的卷材抬起，翻过来，使刷胶面朝下，将一端粘在定位线部位，然后沿着基准线铺贴。粘贴时卷材不得拉伸，要使卷材在松弛不拉伸状态下粘在基层上，随即用力向前和两侧滚压。

（7）卷材搭接处理。卷材接缝搭接宽度为 100mm。

在粘贴卷材时，先将搭接部分每隔 $50\sim100$cm 用胶粘剂临时固定，大面积卷材铺好后即粘贴卷材搭接缝，用丁基橡胶胶粘剂的 A 组分：B 组分＝1∶1 配合搅拌均匀，再用油漆刷将配好的胶粘剂均匀涂刷在翻开的卷材接头的两个粘结面上（涂胶量以 $0.5\sim0.8$kg/m^2 为宜）；然后干燥 $20\sim30$min，待手触不粘手时即可粘合，从一端开始边压合边驱除空气，使之无气泡及折皱存在；最后再用手持小铁辊顺序用力滚压一遍，然后再用丁基橡胶胶粘剂或其他专用胶粘剂沿卷材搭接缝骑缝粘贴一条宽 120mm 的卷材胶条，用手持压辊滚压使其粘贴牢固，卷材胶条两侧边用双组分聚氨酯密封膏或单组分氯磺化聚乙烯密封膏予以密封。卷材三层重叠之处必须以聚氨酯密封膏予以封闭。见图 4-92～图 4-94。

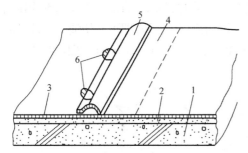

图 4-92　搭接缝部位卷材的临时粘结固定
1—混凝土垫层；2—水泥砂浆找平层；3—卷材防水层；
4—卷材搭接缝部位；5—接头部位翻开的卷材；
6—胶粘剂临时粘结固定点

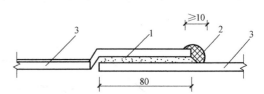

图 4-93　搭接缝密封处理示意图
1—卷材胶粘剂；2—密封材料；3—防水卷材

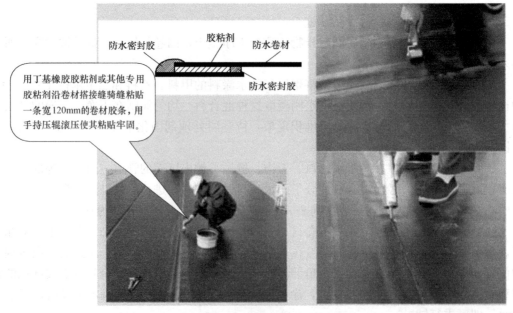

用丁基橡胶胶粘剂或其他专用胶粘剂沿卷材搭接缝骑缝粘贴一条宽120mm的卷材胶条，用手持压辊滚压使其粘贴牢固。

防水密封胶　胶粘剂　防水卷材
防水密封胶

图 4-94　卷材接缝处理

4.6.5 自粘型合成高分子防水卷材施工

（1）基层处理剂干燥后，即可铺贴加强层，铺贴时应将自粘胶底面的隔离纸完全撕净，宜采用热风焊枪加热，加热后随即粘贴牢固，溢出的自粘胶随即刮平封口。

（2）铺贴大面积卷材时，应先仔细剥开卷材一端背面隔离纸约500mm，将卷材头对准标准线轻轻摆铺，位置准确后再压实。

（3）端头粘牢后即可将卷材反向放在已铺好的卷材上，从纸芯中穿进一根500mm长钢管，由两人各持一端徐徐往前沿标准线摊铺，摊铺时切忌拉紧，但也不能有折皱和扭曲。

（4）在摊铺卷材过程中，另一人手拉隔离纸缓缓掀剥，必须将自粘胶底面的隔离纸完全撕净。

（5）铺完一层卷材，即用长把压辊从卷材中间向两边顺次来回滚压，彻底排除卷材下面的空气，为确保粘结牢固，应用大压辊再一次压实。

（6）为提高可靠性，搭接缝处可采用热风焊枪加热，加热后随即粘贴牢固，溢出的自粘胶随即刮平封口，最后接缝口用密封材料封严，宽度不小于10mm。铺贴立面、大坡面卷材时，应用热风焊枪加热后粘贴牢固。见图4-95。

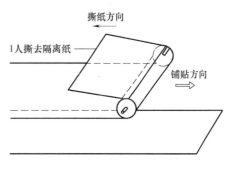

图4-95 自粘型防水卷材铺贴示意图

4.6.6 合成高分子防水卷材焊接施工

热风焊接法一般适用于热塑性合成高分子防水卷材的接缝施工，由于合成高分子防水卷材粘结性差，采用胶粘剂粘结可靠性差，所以在与基层粘结时采用胶黏剂，而接缝处采用热风焊接，确保防水层搭接缝的可靠。目前国内使用焊接法施工的合成高分子防水卷材有PVC（聚氯乙烯）防水卷材、PE（聚乙烯）防水卷材、TPO防水卷材、TPV防水卷材。合成高分子防水卷材热风焊接施工除搭接缝外，其他要求与合成高分子防水卷材冷粘法施工完全一致。接缝焊接是该工艺的关键，在焊接卷材前，必须进行试焊，并进行剥离试验，以检查当时气候条件下焊接工具和焊接参数及工人操作水平，确保焊接质量。接缝焊接分为预先焊接和最后焊接，预先焊接是将搭接卷材掀起，焊嘴伸入焊接搭接部分后半部分，用焊枪一边加热卷材，一边立即用手持压辊充分压在结合面上使之压实。待后半部分焊接好后，再焊接前半部分。

焊接缝边应光滑并有熔浆溢出，立即用手持压辊压实，排出搭接缝间气体。搭接缝焊接，先焊长边，再焊短边。焊接前必须将结合面清理干净，无尘土、沙粒、污垢，必要时用清洁剂清洗。在低温下焊接时（0℃以下），要注意卷材是否有结冰或潮湿现象，如有上述现象，必须等到卷材干燥后方可进行焊接。焊缝不得有漏焊、跳焊或焊接不牢，但也不得损害非焊接部位卷材。见图4-96。

4.6.7 屋面防水冬期施工

依据《建筑工程冬期施工规程》JGJ/T 104—2011，参考当地多年气象资料统计，当

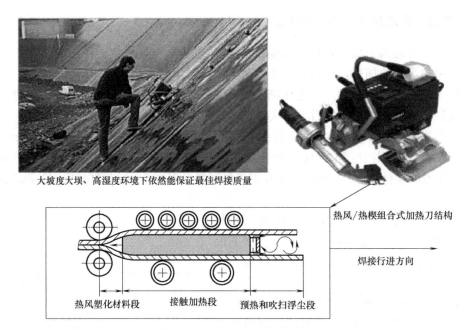

热风/热楔组合式加热刀结构

焊接行进方向

大坡度大坝、高湿度环境下依然能保证最佳焊接质量

热风塑化材料段　　接触加热段　　预热和吹扫浮尘段

图 4-96　防水卷材热风焊接

室外日平均气温连续 5d 稳定低于 5℃时，即进入冬期施工；当室外日平均气温连续 5d 高于 5℃时，解除冬期施工。冬期进行屋面防水工程施工应选择无风晴朗天气进行，并应依据使用的防水材料控制其施工气温界限，以及利用日照条件提高面层温度。在迎风面宜设置活动的挡风装置。卷材铺贴应选择在好天气进行，严禁在雨、雪天施工，有 5 级及以上的大风时不得施工，施工中途遇下雨、下雪时，应做好卷材周边的防护工作。

1. 屋面找平层冬期施工要点

（1）水泥砂浆找平层：水泥砂浆中掺防冻外加剂（如氯盐、NC 复合早强剂、MS-F 复合早强减水剂等），掺量一般为水泥用量的 2%～5%。砂浆的强度等级不得低于 M5 级。先将水泥和砂子干拌均匀，然后加入防冻外加剂的水溶液，砂浆稠度在 6～9cm。冬期室外抹水泥砂浆找平层温度控制应符合有关规定，水泥砂浆找平层抹平压光后，白天应覆盖黑色塑料布进行养护，晚上再加盖草帘子等进行保温养护。

（2）细石混凝土找平层：宜掺微膨胀剂和防冻外加剂，拌制混凝土用水及砂子宜进行加热处理，浇筑混凝土时其温度控制应符合有关规定，混凝土养护方法与水泥砂浆冬期施工养护方法相同。

2. 屋面保温层冬期施工要点

松散材料保温层，按屋面保温与隔热的规定执行；板状材料保温层、整体现浇保温层、用沥青胶结的整体保温层和板状保温层，应在气温不低于−10℃时施工；用水泥、石灰或乳化沥青胶结的整体保温层和板状保温层，应在气温不低于 5℃时施工。如气温低于上述要求，应采取保温防冻措施，雪天和 5 级以上大风天气不得施工，其他规定按屋面保温与隔热规定执行。

3. 卷材防水屋面冬期施工要点

（1）高聚物改性沥青防水卷材的低温柔性好，一般适宜于在−10℃左右的气温环境下采用热熔法进行施工作业，其防水质量也可以达到常温施工的质量要求。

（2）基层处理的方法与沥青防水卷材的施工要求相同，卷材防水层上有重物覆盖或基层变形较大时，应优先采用空铺法、点粘法或条粘法。但距屋面周边800mm范围内应满粘，铺贴泛水部位的卷材应满粘，卷材与卷材之间亦应满粘。

（3）可采用溶剂型浅色涂料做保护层，在卷材防水层检验合格并清扫后，采用长把滚刷均匀涂刷与卷材相容的溶剂型浅色涂料。如高聚物改性沥青防水卷材本身为页岩片或铝箔覆面时，这种防水层不必另做保护层。

（4）合成高分子防水卷材可在较低气温条件下进行施工，在干净、干燥的基层表面上涂刷与合成高分子卷材相容的基层处理剂（处理剂配合比为聚氨酯防水涂料的甲料：乙料：二甲苯＝1：1.5：3）。待基层处理剂经4h以上完全固化干燥后，才能铺贴卷材；也可以采用喷浆机压力喷涂氯丁胶乳处理基层，并须干燥12h以上，方可铺贴卷材。做附加防水层、涂刷胶粘剂、铺贴卷材可按卷材防水屋面中的有关规定执行；若卷材防水层上有重物覆盖或基层变形较大时，卷材防水层铺粘可参照高聚物改性沥青防水卷材铺粘进行。

（5）卷材接缝处理按卷材防水屋面中的有关规定执行，保护层的施工方法与高聚物改性沥青防水卷材保护层的做法相同。其他施工操作要求均按卷材防水屋面中的有关规定执行。见表4-17。

防水卷材施工环境	表4-17

防水与保温材料	施工环境气温
粘结保温板	有机胶粘剂不低于－10℃；无机胶粘剂不低于5℃
现喷硬泡聚氨酯	15～30℃
高聚物改性沥青防水卷材	热容法不低于－10℃
合成高分子防水卷材	冷粘法不低于5℃；焊接法不低于－10℃
高聚物改性沥青防水涂料	溶剂型不低于5℃；热熔型不低于－10℃
合成高分子防水涂料	溶剂型不低于－5℃
防水混凝土、防水砂浆	符合本规程混凝土、砂浆相关规定
改性石油沥青密封材料	不低于0℃
合成高分子密封材料	溶剂型不低于0℃

4.6.8 屋面防水细部构造

天沟、檐沟是汇集整个屋面雨水的部位，也是雨水停留时间较长的地方，卷材的接缝处是最容易发生渗漏水的薄弱环节之一，若把它留设在沟底，势必会增加沟底发生渗漏的概率。因此，铺贴天沟、檐沟的防水层时，卷材长边的搭接缝应留设在屋面或天沟、檐沟的侧面，而不应留设在沟底，且应按顺水流方向进行卷材的搭接处理，以降低在沟底发生渗漏水的概率。天沟、檐沟应增铺附加层。当采用高聚物改性沥青防水卷材或合成高分子防水卷材时，宜设置防水涂膜附加层。天沟、檐沟与屋面交接处的附加层宜空铺，空铺宽度不应小于200m。檐口的排水坡度应符合图纸设计要求，檐口部位不得有积水或渗漏。檐沟防水层应由沟底上翻至外侧顶部。见图4-97、图4-98。

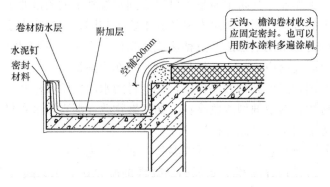

图 4-97　檐沟防水细部构造

图 4-98　檐沟卷材上翻实例

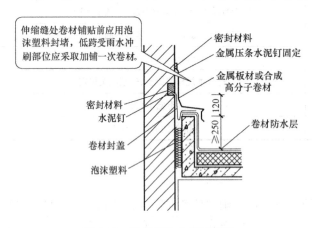

图 4-99　高低跨防水细部构造

高低跨内排水天沟与立墙交接处，应采取能适应变形的密封处理。高低跨变形缝在高跨墙面上采用防水卷材封盖和金属盖板，并用金属压条钉压固定，还要用密封材料封严。见图 4-99。

水落口处防水层及附加层伸入落口杯内不应小于 50mm，并粘结牢固，水落口周围 500mm 范围内坡度不应小于 5%，并应用防水涂料涂封，其厚度不应小于 2mm。水落口与基层接触处，应留宽 20mm、深 20mm 凹槽，嵌填密封材料。见图 4-100、图 4-101。

卷材防水层的基层与凸出屋面结构的交接处，以及基层处理的转角处做成半径不小于 50mm 的圆弧状，并应整齐平顺。见图 4-102、图 4-103。

伸出屋面管道的防水构造，管道根部 500mm 范围内，找平层应抹出高度不小于 30mm 的圆台，管道根部四周增设附加层，宽度和高度不小于 300mm。管道上防水层收

图 4-100　水落口防水实例

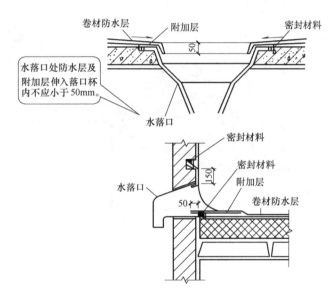

图 4-101　屋面防水水落口示意图

图 4-102　凸出屋面构件防水细部构造

图 4-103　阴阳角附加层细部构造

头处应用金属箍箍紧,并用密封材料封严。见图 4-104、图 4-105。

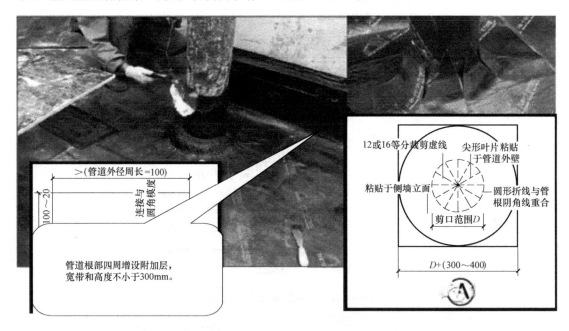

图 4-104　伸出屋面管道防水细部构造(一)

　　铺贴泛水处的卷材应采用满粘法。泛水收头应根据泛水高度和泛水墙体材料确定其密封形式。墙体为砖墙时,卷材收头可直接铺至女儿墙压顶下,用压条钉压固定并用密封材料封闭严密,压顶应做防水处理;卷材收头也可压入砖墙凹槽内固定密封,凹槽距屋面找平层高度不应小于250mm,凹槽上部的墙体应做防水处理。墙体为混凝土墙时,卷材收头可采用金属压条钉压,并用密封材料封固。泛水宜采取隔热防晒措施,可在泛水卷材面砌砖后抹水泥砂浆或浇筑细石混凝土保护,也可采用涂刷浅色涂料或粘贴铝箔保护。见图4-106～图 4-109。

　　大面积防水卷材施工前,对防水薄弱部位应加铺一层卷材,对所有的阴阳角部位、立面与平面交接处做附加层处理,附加层宽度一般为 250mm。对凸出基层部位做 250mm 宽

附加层。阳角是防水层最易被破坏的部
位，容易产生渗漏，面层做加强处理。见
图 4-110、见图 4-111。

　　阴阳角附加层铺贴时应根据规范及设
计要求将卷材裁成相应的形状进行铺贴。
见图 4-112。

　　屋面变形缝的泛水高度不应小于
250mm，防水层应铺贴到变形缝两侧墙
体的上部，变形缝内填充聚苯乙烯泡沫塑
料，上部填放衬垫材料，并用卷材封盖，
变形缝顶部应加盖混凝土盖板或金属盖
板，混凝土盖板的接缝应用密封材料封
填。见图 4-113。

管道上防水层收头
处应用金属箍箍紧，
并用密封材料封严。

图 4-105　伸出屋面管道防水细部构造（二）

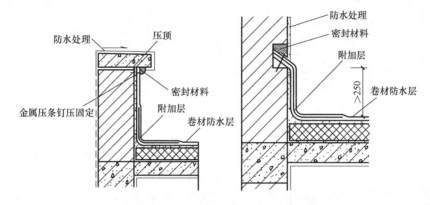

图 4-106　屋面泛水防水示意图

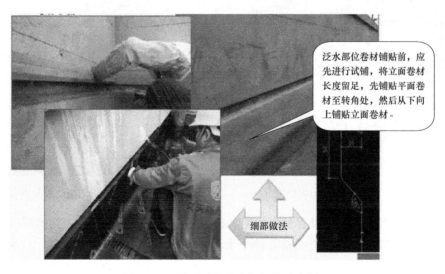

泛水部位卷材铺贴前，应
先进行试铺，将立面卷材
长度留足，先铺贴平面卷
材至转角处，然后从下向
上铺贴立面卷材。

细部做法

图 4-107　屋面泛水防水细部构造实例

屋面垂直出入口防水层收头，应压在混凝土压顶圈下；水平出入口防水层收头，应压在混凝土踏步下，防水层的泛水应设护墙。见图 4-114～图 4-116。

卷材收头可直接铺至女儿墙压顶下，用压条钉压固定并用密封材料封闭严密。

泛水宜采取隔热防晒措施，可在泛水卷材面砌砖后抹水泥砂浆或浇筑细石混凝土保护，也可采用涂刷浅色涂料或粘贴铝箔保护。

图 4-108　屋面泛水防水细部压条

图 4-109　泛水保护

阳角附加层，宽度距转角每边150mm。

图 4-110　阴阳角防水加强处理（一）

图 4-111　阴阳角防水加强处理（二）

设施基座防水层下应增设卷材附加层，设施基座与结构层相连时，防水层应包裹设施基座的上部，地脚螺栓周围防水做密封处理，采用细石混凝土做保护层。

在实际施工中由于施工人员素质低及管理人员技术交底不到位，过程中不注重检查，往往忽视了屋面防水细部构造，阴阳角附加层漏做、水落口周围封堵不严及防水施工前未协调好导致屋面设备基础与防水层冲突、螺栓穿透防水层和螺栓施工完成后未进行密封材

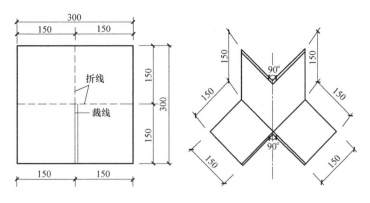

图 4-112 阴阳角附加层裁剪示意图

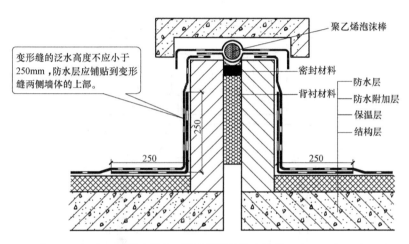

图 4-113 屋面变形缝防水构造

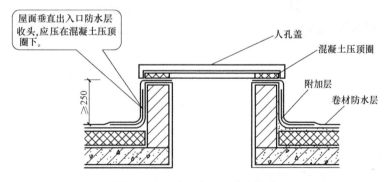

图 4-114 垂直出入口防水构造

料封堵。见图 4-117～图 4-120。

实际施工中，屋面卷材防水施工完成后，不注重成品保护也是防水出现渗漏的重要原因之一。卷材防水施工完成后，必须进行工序交接，并进行成品保护。见图 4-121、图 4-122。

在实际铺贴卷材防水层的过程中，必须采用防水卷材等材料对屋面防水层的一头（卷

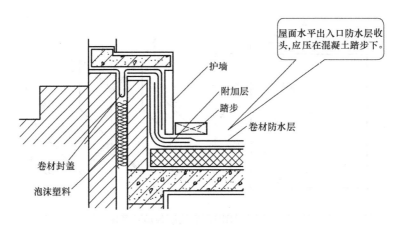

图 4-115　屋面出入口防水卷材

护墙
附加层
踏步
卷材防水层
卷材封盖
泡沫塑料

屋面水平出入口防水层收头,应压在混凝土踏步下。

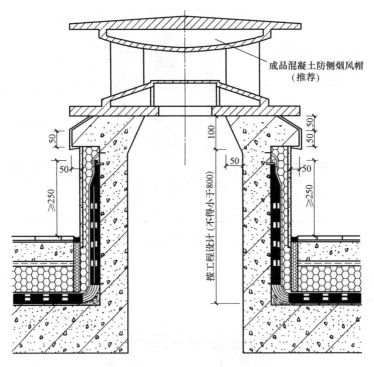

成品混凝土防侧烟风帽（推荐）

图 4-116　出屋面风道防水做法

材收头）、二缝（变形缝、分格缝）、三口（水落口、出入口、檐口）和四根（女儿墙根、设备根、管道根、烟囱根）等泛水节点，重点做好防水附加层。要求做到粘结牢固、封闭严密，并与大面积的卷材防水层相连接，形成一个整体全封闭的防水系统。

　　排气屋面又称"呼吸屋面"。由于保温层、找平层含水量过大或遇雨浸泡不干，而上面又必须铺设防水层时，易造成保温层失效或防水层起鼓，影响质量。因此，屋面应考虑做成排气屋面。排气屋面的设计是在保温层中留置纵横相通的槽或埋置打孔细管，并于交叉处设置竖向排气孔（管），使水分蒸发后的气体能顺利排入大气。留槽形成的排气道为20～40mm，排气管径为25mm，并与找平层分格缝相重合。排气道间距宜为6m，纵横设置，屋面面积每36m² 宜设置一个排气孔，排气孔应做防水处理。见图4-123。

保温板铺贴时，结合屋面刚性层分格缝位置设置透气槽、透气管。透气槽宽度为 50mm，保温板铺贴后应在透气槽内填充陶粒，然后沿透气槽铺设 200mm 宽钢丝网并覆盖彩条布或土工布；并在透气槽端部距离墙根 500mm 处设置透气管。见图 4-124。

综上所述，屋面防水工程是一个各工序紧密联系的系统工程，每道工序都应保质保量完成，否则就会因为某一局部渗漏影响整体屋面的防水功能，屋面防水必须做到百分之百合格，百分之一的不合格都会导致整体屋面防水百分之百的不合格，所以屋面防水工程必须严格按照国家规范、施工技术要点等进行施工，确保防水工程万无一失。

实际施工中，要严格控制验收程序，附加层全部施工完成后，方可进行大面积卷材铺贴。

漏设附加层

图 4-117　附加层未铺贴

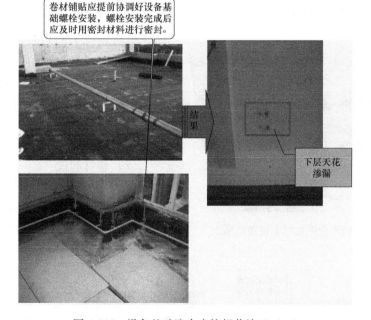

卷材铺贴应提前协调好设备基础螺栓安装，螺栓安装完成后应及时用密封材料进行密封。

结果

下层天花渗漏

图 4-118　设备基础防水未按规范施工（一）

4.6.9　屋面卷材质量缺陷、原因及防治措施

（1）搭接缝过窄或粘结不牢

原因：采用热熔法铺贴高聚物改性沥青防水卷材时，未事先在找平层上弹出控制线，致使搭接缝宽窄不一。热熔粘贴时未将搭接缝处的铝箔烧净，铝箔成了隔离层，使卷材搭接缝粘结不牢。粘贴搭接缝时未进行认真的排气、碾压。未按规范规定对每幅卷材的搭接

缝口用密封材料封严。

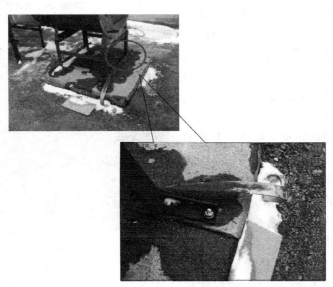

图 4-119　设备基础防水未按规范施工（二）

实际卷材施工中，要重点检查
附加层的铺贴，减少渗漏点。

图 4-120　阴阳角附加层未按规范施工

防治措施：卷材条盖缝法。具体做法是沿搭接缝每边 150mm 范围内，用喷灯等工具将卷材上面自带的保护层（铝箔、PE 膜等）烧尽，然后在上面粘贴一条宽300mm 的同类卷材，分中压贴。每条盖缝卷材在一定长度内（约 200mm），应在端头留出宽约 100mm 的缺口，以便由此口排出屋面上的积水。

（2）卷材起鼓

原因：因加热温度不均匀，致使卷材与基层之间不能完全密贴，形成部分卷材脱落与起鼓。卷材铺贴时压实不紧，残留的空气未全部赶出。

屋面反梁位置
防水卷材欠保
护而被损坏。

已开始隐蔽的
屋面防水层被
钢筋刺破。

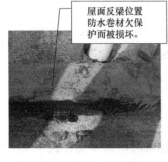

图 4-121　屋面卷材防水未进行成品保护（一）

已完成铺贴的防水卷材因保护不足，被施工脚手架刺破，增大渗漏隐患。

图 4-122 屋面卷材防水未进行成品保护（二）

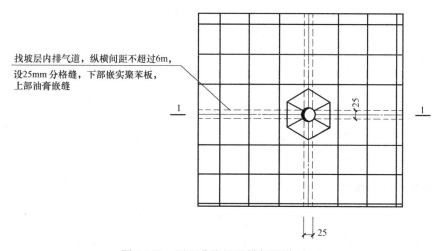

找坡层内排气道，纵横间距不超过6m，设25mm分格缝，下部嵌实聚苯板，上部油膏嵌缝

图 4-123 屋面分格缝及排气通道（一）

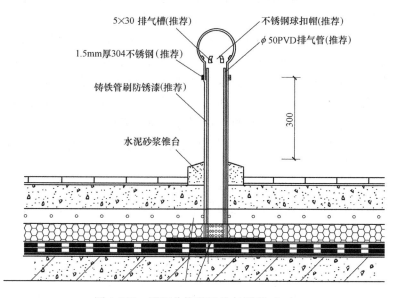

5×30 排气槽(推荐)

不锈钢球扣帽(推荐)

φ50PVD排气管(推荐)

1.5mm厚304不锈钢(推荐)

铸铁管刷防锈漆(推荐)

水泥砂浆锥台

300

图 4-124 屋面分格缝及排气通道（二）

防治措施：高聚物改性沥青防水卷材施工时，火焰加热要均匀、充分、适度。在操作时，首先持枪人不能让火焰停留在一个地方的时间过长，而应沿着卷材宽度方向缓缓移动，使卷材横向受热均匀。其次要求加热充分，温度适中。第三要掌握加热程度，以热熔后的沥青胶出现黑色光泽、发亮并有微泡现象为度。趁热推滚，排尽空气。卷材被热熔粘贴后，要在卷材尚处于较柔软时，就及时进行滚压。滚压时间可根据施工环境、气候条件调节掌握。气温高冷却慢，滚压时间宜稍迟；气温低冷却快，滚压时间宜提早。另外，加热与滚压的操作要配合默契，使卷材与基层面紧密接触，排尽空气，而在铺压时用力又不宜过大，确保粘结牢固。

（3）转角、立面和卷材接缝处粘结不牢

原因：高聚物改性沥青防水卷材厚度较大，质地较硬，在屋面转角以及立面部位（如女儿墙），因铺贴卷材比较困难，又不易压实，加之屋面两个方向变形不一致和自重下垂等因素，常易出现脱空与粘结不牢等现象。热熔卷材表面一般都有一层防粘隔离层，在粘结搭接缝时，未能将隔离层用喷枪熔烧掉，是导致接缝处粘结不牢的主要原因。

防治措施：基层必须做到平整、坚实、干净、干燥。涂刷基层处理剂，并要求涂刷均匀一致，无空白漏刷现象，但切勿反复涂刷。屋面转角处应按规定增加卷材附加层，并注意与原设计的卷材防水层相互搭接牢固，以适应不同方向的结构和温度变形。对于立面铺贴卷材，应将卷材的收头固定于立面的凹槽内，并用密封材料嵌填封严。

卷材与卷材之间的搭接缝口，亦应用密封材料封严，宽度不应小于 10mm。密封材料应在缝口抹平，使其形成明显的沥青条带。

4.6.10　屋面保护层施工

屋面保护层的作用是减少雨水、冰雹冲刷或其他外力造成的卷材机械性损伤，减少阳光辐射；可折射阳光、降低温度、减缓卷材老化，从而增加防水层的寿命。屋面防水层完工后，应认真检查屋面有无漏水积水，排水系统是否通畅。屋面保护层施工时，严禁用铁锹或其他工具在防水层上进行强铲。施工人员不得穿钉鞋等。

防水保护层强度未达到 1.2MPa 时，严禁上人。绿豆砂保护层是在各层卷材铺贴完后，在上层表面浇一层 2～4mm 的沥青胶，趁热撒上一层粒径为 3～5mm 的小豆石，并加以压实，使豆石与沥青胶粘结牢固，未粘结的豆石应扫除干净；采用水泥砂浆、块材或细石混凝土等刚性保护层时，保护层与防水层之间应设置隔离层，保护层应设分格缝，水泥砂浆保护层分格面积宜为 $1m^2$，块材保护层分格面积不宜大于 $100m^2$，细石混凝土保护层分格面积不宜大于 $36m^2$。刚性保护层与女儿墙、山墙之间应预留宽度为 30mm 的缝隙，并用密封材料嵌填严密。

成品保护：屋面施工中不允许穿带铁钉、铁掌的鞋进入防水层施工现场。施工人员应认真保护做好的防水层，尽量不要在卷材防水层上走动，严防施工机具或尖硬物品戳坏防水层。屋面在使用过程中，严禁在防水层上凿孔打洞，如有特殊要求时，一定要做好防水增强处理。严禁重物冲击卷材防水屋面，重物冲击会导致保护层开裂、防水层破坏。严禁在屋面上任意堆放杂物，以免堵塞排水道，使防水层长期处于潮湿状态。不得任意在屋面增设构筑物，因为由此引起的荷载可能导致节点产生过大的变形，从而拉裂防水层。不得任意改变屋面的性质，如将不上人的卷材屋面变为上人屋面，一方面加大了屋面荷载，另一方面由于人的踩踏等活动导致防水层损坏。

4.7 涂膜防水屋面工程

4.7.1 涂膜防水涂料

涂膜防水屋面是以高分子合成材料为主体的涂料涂布在经嵌缝处理的屋面找平层上，形成具有防水效能的坚韧涂膜，从而达到屋面防水抗渗功能的一种屋面，适用于防水等级为Ⅰ、Ⅱ级的屋面防水。涂膜防水层最小厚度及防水等级和防水做法应符合《屋面工程技术规范》GB 50345—2012 的规定（见表 4-18、表 4-19）。涂膜防水屋面的典型构造层次见图 4-125。

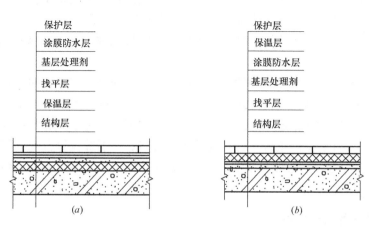

图 4-125 正置式和倒置式涂膜防水屋面
（a）正置式；（b）倒置式

屋面防水等级和防水做法 表 4-18

防水等级	防水做法
Ⅰ级	卷材防水层和卷材防水层、卷材防水层和涂膜防水层、复合防水层
Ⅱ级	卷材防水层、涂膜防水层、复合防水层

屋面每道涂膜防水层最小厚度（mm） 表 4-19

防水等级	合成高分子防水涂膜	聚合物水泥防水涂膜	高聚物改性沥青防水涂膜
Ⅰ级	1.5	1.5	2.0
Ⅱ级	2.0	2.0	3.0

涂膜防水涂料的种类：高聚物改性沥青防水涂料、合成高分子防水涂料、聚合物水泥防水涂料。主要有薄质涂料和厚质涂料两大类。

合成高分子防水涂料是以合成橡胶或合成树脂为成膜物质，配制成的反应型、水乳型或溶剂型防水涂料，具有高弹性、防水性、耐久性和优良的耐高低温性能。常见的有聚氨酯防水涂料、丙烯酸防水涂料、有机硅防水涂料。

高聚物改性沥青防水涂料是以沥青为基料，用高分子聚合物进行改性配制成的水乳型或溶剂型防水涂料，其柔韧性、抗裂性、强度、耐高低温性能及寿命均有较大改善，常见的有氯丁橡胶改性沥青涂料、SBS改性沥青涂料、APP改性沥青涂料、再生橡胶改性沥青涂料、PVC改性煤焦油涂料。

涂料防水施工操作简单，无污染，冷操作，无接缝，能适应复杂基层，防水性能好，温度适应性强，易补修。铺加衬布前，应先浇胶料并刮刷均匀，然后立即铺加衬布，再在上面浇胶料并刮刷均匀，纤维不露白，用辊子滚压实，排尽布下空气。必须待上道涂层干燥后方可进行下道涂层施工，干燥时间视当地温度和湿度而定，一般为4～24h。

涂膜防水涂料存储和保管：防水涂料应存储于干净、密封的塑料桶或内衬塑料铁桶，内容器表面应有明显标志，内容包括：生产厂名、厂址、产品名称、标记、净重、商标、生产日期或生产批号、有效日期及运输和存储条件。不同规格、品种和等级的防水涂料应分别存放，存放时应保持通风、干燥，防止阳光直接照射。水乳型涂料存储和保管环境温度不应低于10℃。溶剂型涂料存储和保管环境温度不应低于－10℃。防水涂料运输时应防冻，防止雨淋、暴晒、挤压、碰撞，胎体增强材料运输保管应干燥、通风，并远离火源。

涂膜防水涂料进场验收：进场的防水涂料和胎体增强材料应进行抽样复检，不合格的产品不得使用。同一规格、品种的防水涂料，每10t为一批，不足10t按一批抽样；胎体增强材料，每3000m² 为一批，不足3000m² 按一批抽样。屋面工程所采用的防水材料应有产品合格证书和性能检测报告，材料的品种、规格、性能等应符合现行国家产品标准和设计要求。材料进场后，见证员见证取样，复验并提出试验报告，不合格的材料不得使用。

4.7.2 涂膜防水的操作方法

涂膜防水的操作方法有涂刷法、刮涂法、喷涂法。

涂刷法：（1）用刷子涂刷一般采用蘸刷法，也可边倒涂料边用刷子刷匀，涂布垂直面层的涂料时，最好采用蘸刷法。涂刷应均匀一致，倒料时要注意控制涂料均匀倒洒，不可在一处倒得过多，否则涂料难以刷开，造成涂膜厚薄不均匀现象。涂刷时不能将气泡裹进涂层中，如遇气泡应立即消除。涂刷遍数必须按事先试验确定的遍数进行。（2）涂布时应先涂立面，后涂平面。在进行立面或平面涂布时，可采用分条涂布或按顺序涂布。分条进行时，每条宽度应与胎体增强材料宽度一致，以免操作人员踩踏刚涂好的涂层。（3）前一遍涂膜干燥后，方可进行下一层涂膜的涂刷。涂刷前应将前一遍涂膜表面的灰尘、杂物等清理干净，同时还应检查前一遍涂膜是否有缺陷，如气泡、露底、漏刷、胎体材料折皱、翘边、杂物混入涂层等不良现象，如果存在上述质量问题，应先进行修补，再涂布下一层涂膜。（4）后续涂层的涂刷，材料用量控制要严格，用力要均匀，涂层厚薄要一致，仔细认真涂刷。各道涂层之间的涂刷方向应相互垂直，以提高防水层的整体性和均匀性。涂层间的接槎处，在每遍涂刷时应退槎50～100mm，接槎时也应超过50～100mm，以免接槎不严造成渗漏。（5）涂刷法施工质量要求：涂膜厚薄一致，平整光滑，无明显接槎。施工操作中不应出现流淌、折皱、露底、刷花和起泡等弊病。适用于黏度较大的高聚物改性沥青防水涂料和合成高分子防水涂料的大面积施工。

刮涂法：（1）刮涂就是利用刮刀，将厚质防水涂料均匀地刮涂在防水基层上，形成厚度符合设计要求的防水涂膜。（2）刮涂时应用力按刀，使刮刀与被涂面的倾斜角为 $50°$ ～ $60°$，按刀要用力均匀。（3）涂层厚度控制采用预先在刮板上固定铁丝（或木条）或在屋面上做好标志的方法。铁丝（或木条）的高度应与每遍涂层厚度相一致。（4）刮涂时只能来回刮涂，不能往返多次刮涂，否则将会出现"皮干里不干"现象。（5）为了加快施工进度，可采用分条间隔施工，待先批涂层干燥后，再抹后批空白处。分条宽度一般为 0.8～1.0m，以便抹压操作，并与胎体增强材料宽度相一致。（6）待前一遍涂料完全干燥后（干燥时间不宜少于 12h）方可进行下一遍涂料施工。后一遍涂料的刮涂方向应与前一遍涂料的刮涂方向垂直。（7）当涂膜出现气泡、折皱不平、凹陷、刮痕等情况时，应立即进行修补。补好后才能进行下一道涂膜施工。适用于黏度较大的高聚物改性沥青防水涂料和合成高分子防水涂料的大面积施工。

喷涂法：（1）喷涂施工是利用压力或压缩空气将防水涂料涂布于防水基层面上的机械施工方法，其特点是涂膜质量好、工效高、劳动强度低，适用于大面积作业。（2）作业时，喷涂压力为 0.4～0.8MPa，喷枪移动速度一般为 400～600mm/min，喷嘴至受喷面的距离一般应控制在 400～600mm。（3）喷枪移动的范围不能太大，一般直线喷涂 800～1000mm 后，拐弯 $180°$ 向后喷下一行。根据施工条件可选择横向或竖向往返喷涂。（4）第一行与第二行喷涂面的重叠宽度，一般应控制在喷涂宽度的 1/3～1/2，以使涂层厚度比较一致。（5）每一涂层一般要求两遍成活，横向喷涂一遍，再竖向喷涂一遍。两遍喷涂的时间间隔由防水涂料的品种及喷涂厚度而定。（6）如有喷枪喷涂不到的地方，应用油漆刷刷涂。适用于黏度较小的高聚物改性沥青防水涂料和合成高分子防水涂料的大面积施工。

涂膜应根据防水涂料的品种分层分遍涂布，不得一次涂成。应待先涂的涂层干燥成膜后，再涂后一遍涂料，前后两遍涂料涂布方向应互相垂直。多组分涂料应按配合比准确计量，搅拌均匀，并应根据有效时间确定使用量。涂膜与卷材或刚性材料复合使用时，涂膜宜放在下部，涂膜防水层上设置块体材料或水泥砂浆、细石混凝土时，二者之间应设隔离层。合成高分子涂膜的上部，不得采用热熔型卷材或涂料。

4.7.3 涂膜防水屋面找平层施工

找平层宜设置 2mm 宽分格缝，并嵌填密封材料，分格缝应留置在板端缝处，水泥砂浆和细石混凝土分格缝其纵横间距不宜大于 6m，基层转角抹成圆弧处其半径不小于 50mm。对于涂膜防水层，它是紧紧地依附于基层或找平层形成一定厚度和弹性的整体防水膜而起到防水作用的。与卷材防水屋面相比，找平层的平整度对涂膜防水层的质量影响更大，因此对平整度要求严格，否则防水涂膜的厚度得不到保证，必将造成防水涂膜可靠性和耐久性降低。涂膜防水层满粘于找平层上，找平层开裂易引起防水层的开裂，因此涂膜防水层的找平层应有足够的强度，尽可能地避免开裂，出现裂缝应进行修补。涂膜防水层的找平层宜采用掺膨胀剂的细石混凝土，强度等级不宜低于 C20，厚度不宜小于 30mm，宜为 40mm。涂膜防水层的施工也应该按"先高后低，先远后进"的原则进行，遇高低跨屋面时，一般先涂布高跨屋面，后涂布低跨屋面，相同高度屋面要合理安排施工段，先涂布距上料点远的地方，后涂布距上料点近的地方，同一屋面上，先涂布排水较集中的水落口、天沟、檐沟等节点部位，再进行大面积涂布。涂膜防水屋面严禁一次涂刷完成。见图 4-126。

图 4-126　出屋面管道涂膜涂刷
注：涂膜防水层涂刷遍数越多，成膜的密实度越好，
上层干燥后，才能涂刷下一层。

4.7.4　涂膜屋面防水施工

（1）涂刷前的准备工作及基层干燥程度要求：基层的检查、清理、修整应符合前述要求。基层的干燥程度应视涂料特性而定，对高聚物改性沥青涂料，为水乳型时，基层干燥程度可适当放宽；为溶剂型时，基层必须干燥。对合成高分子涂料，基层必须干燥。

（2）配料和搅拌：双组分涂料每份涂料在配料前先搅匀。配料主剂和固化剂的混合偏差不得大于±5％。涂料混合顺序为先放入主剂后放入固化剂，并搅拌均匀。单组分涂料一般有铁桶或塑料桶密闭包装，打开桶盖后即可施工，但由于涂料桶装量大（一般为 200kg），易沉淀而产生不匀质现象，故使用前还应进行搅拌。

（3）涂层厚度控制试验：涂膜防水施工前，必须根据设计要求的每平方米涂料用量、涂膜厚度及涂料材性事先试验确定每道涂料涂刷的厚度以及每个涂层需要涂刷的遍数。

（4）涂刷间隔时间试验：在进行涂刷厚度及用量试验的同时，根据气候条件经试验确定每遍涂层的间隔时间。采用表干时间来控制涂刷间隔时间。见图 4-127。

（5）涂刷基层处理剂：基层处理剂有三种类型，即水乳型防水涂料、溶剂型防水涂料、沥青溶液。涂刷基层处理剂时，应用刷子用力薄涂，使涂料尽量刷进基层

图 4-127　涂膜防水施工
注：屋面涂层膜防水分层涂刷间隔时
间不宜过长，否则容易出现分层。

表面的毛细孔中，并将基层可能留下来的少量灰尘等无机杂质像填充料一样混入基层处理剂中，使之与基层牢固结合。

（6）涂刷防水涂料：1）涂料涂刷可采用棕刷、长柄刷、胶皮板、圆滚刷等进行人工涂布，涂布时应先涂立面，后涂平面，涂布立面最好采用蘸涂法，涂刷应均匀一致。2）涂料涂布应分条或按顺序进行，分条进行时，每条宽度应与胎体增强材料宽度相一致，各道涂层之间的涂刷方向相互垂直，以提高防水层的整体性和均匀性。涂层间的接槎，在每遍涂刷时应退槎 50～100mm，接槎时也应超过 50～100mm，避免在搭接处发生渗漏。见图 4-128。

（7）铺设胎体增强材料：在涂料第二遍涂刷时或第三遍涂刷前，即可加铺胎体增强材料。尽量顺屋脊方向铺贴，以方便施工、提高劳动效率。胎体增强材料可采用湿铺法或干铺法铺贴。湿铺法就是边倒料、边涂刷、边铺贴的操作方法。干铺法就是在上道涂层干燥

后，边干铺胎体增强材料，边在已展平的表面上用橡皮刮板均匀满刮一道涂料。施工中应加强收头部位的处理，为了防止出现翘边、折皱和胎体外露等现象，收头部位应进行多遍涂刷。见图 4-129。

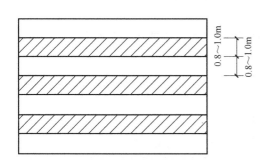

图 4-128 涂料分层间隔施工

图 4-129 铺设胎体增强材料
注：屋面坡度小于 15% 时胎体增强材料平行于屋脊铺设，屋面坡度大于 15% 时胎体增强材料垂直于屋脊铺设，胎体长边搭接宽度不小于 50mm，短边搭接宽度不小于 70mm，上下层不得相互垂直铺设，搭接缝应错开不小于幅宽的 1/3。

某些防水涂料（如氯丁胶乳沥青涂料）需要与胎体增强材料（即所谓的布）配合，以增强涂层的贴附覆盖能力和抗变形能力。目前，使用较多的胎体增强材料为 0.1mm×6mm×4mm 或 0.1mm×7mm×7mm 的中性玻璃纤维网格布或中碱玻璃布、聚酯无纺布等。见表 4-20。

胎体增强材料技术要求　　　　　　　　　　　表 4-20

项目		质量要求		
		聚酯无纺布	化纤无纺布	玻纤网布
外观		均匀,无团状,平整无折皱		
拉力(N/50mm)	纵向	≥150	≥45	≥90
	横向	≥100	≥35	≥50
延伸率(%)	纵向	≥10	≥20	≥3
	横向	≥20	≥25	≥3

（8）收头处理：为防止收头部位出现翘边现象，所有收头均应采用密封材料压边，压边宽度不得小于 10mm。收头处的胎体增强材料应裁剪整齐，如有凹槽时应压入凹槽内，不得出现翘边、折褶、露白等现象，否则应先进行处理后再涂封密封材料。

4.7.5　聚氨酯涂膜防水层施工

聚氨酯涂膜防水层施工工艺流程：基层清理→细部节点处理→涂刷底胶→防水涂膜施工→保护层施工。

聚氨酯涂膜防水层施工要点：

（1）基层清理：先用打磨机将凸出基层的多余混凝土或砂浆结块清除，再用钢丝刷和清水清除基层表面的浮浆、返碱、尘土、油污以及表面涂层等杂物，并使光滑的混凝土表面变成粗糙面，然后用清水冲洗至中性。

（2）涂刷底胶：底胶配合比按甲料：乙料：二甲苯＝1：1.5：2的质量比搅拌均匀。先涂刷阴阳角、排水管和立管周围、混凝土接口、裂缝处以及需增强部位，然后大面积涂刷。涂刷后，不粘手时即可进行下一道工序。

（3）细部节点处理：天沟、檐沟与屋面交接处的附加层宜空铺，空铺宽度不应小于200mm。见图4-130。

无组织排水檐口的涂膜防水层收头，应用防水涂料多遍涂刷或用密封材料封严，檐口下端应做滴水处理。见图4-131。

泛水处的涂膜防水层，宜直接涂刷至女儿墙的压顶下，收头处应采用防水涂料多遍涂刷封严；压顶应做防水处理。见图4-132。

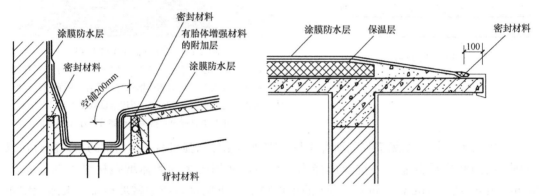

图 4-130 天沟涂膜防水细部构造　　　　图 4-131 无组织排水檐口涂膜细部构造

变形缝内应填充泡沫塑料，其上放衬垫材料，并用卷材封盖；顶部应加扣混凝土盖板或金属盖板。见图4-133。

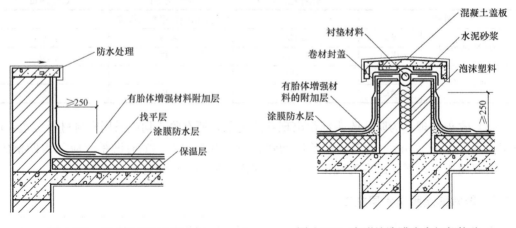

图 4-132 泛水涂膜防水层　　　　图 4-133 变形缝涂膜防水细部构造

伸出屋面管道周围的找平层应做成圆锥台，管道与找平层间应留凹槽，并嵌填密封材料；防水层收头处应用金属箍箍紧，并用密封材料填严。见图4-134、图4-135。

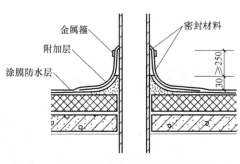

图 4-134 伸出屋面管道涂膜防水细部构造

图 4-135 伸出屋面管道涂膜防水处理

水落口宜采用金属或塑料制品，水落口埋设标高应考虑水落口设防时增加的附加层和柔性密封层的厚度及排水坡度加大的尺寸。水落口周围 500mm 范围内坡度不应小于 5%，并应用防水涂料涂封，其厚度不应小于 2mm。水落口与基层接触处，应留宽 20mm、深 20mm 的凹槽，嵌填密封材料。见图 4-136、图 4-137。

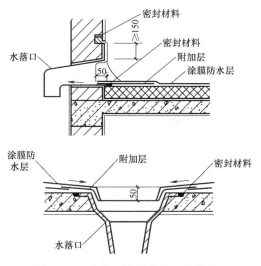

图 4-136 水落口涂膜防水细部构造

图 4-137 水落口涂膜防水处理

屋面垂直出入口防水层收头，应压在混凝土压顶圈下，水平出入口防水层收头，应压在混凝土踏步下，防水层的泛水应设护墙。见图 4-138、图 4-139。

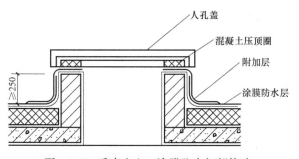

图 4-138 垂直出入口涂膜防水细部构造

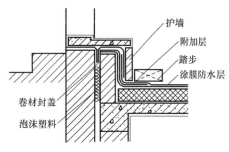

图 4-139 水平出入口涂膜防水细部构造

上述节点应按图示要求在涂刷前做一布二油附加防水层。底胶表干后，按节点部位形状、宽度加宽 200mm 裁剪纤维布，套铺在节点部位后涂刷聚氨酯防水涂料，第一层聚氨酯涂料涂刷后 4～6h，可涂刷第二层聚氨酯涂料，将纤维布覆盖严密。附加防水层表干后，可以大面积涂刷防水涂料。见图 4-140、图 4-141。

图 4-140　管墩涂膜防水处理（一）　　　　　　图 4-141　管墩涂膜防水处理（二）

需铺设胎体增强材料时，如屋面坡度小于 15％可平行于屋脊铺设；如屋面坡度大于 15％应垂直于屋脊铺设，并由屋面最低标高处开始向上铺设。胎体增强材料长边搭接宽度不得小于 50mm，短边搭接宽度不得小于 70mm。见图 4-142。

图 4-142　胎体增强材料铺贴
注：上下层搭接缝应错开，若胎体厚度太大，则会影响涂蜡防水均匀度。

采用两层胎体增强材料时，上下层不得互相垂直铺设，搭接缝应错开，其间距不应小于幅宽的 1/3。在涂膜防水屋面上使用两种或两种以上不同防水材料时，应考虑不同材料之间的相容性（即亲和性大小、是否会发生侵蚀），如相容则可使用，否则会造成相互结合困难或互相侵蚀引起防水层短期失效。涂膜和卷材同时使用时，卷材和涂膜的接缝应顺水流方向，搭接宽度不得小于 100mm。在涂膜防水层实干前，不得在其上进行其他施工作业。涂膜防水层上不得直接堆放物品。

4.7.6 涂膜防水保护层的施工

涂膜防水保护层的材料应根据设计图纸要求选用。保护层施工前，应将防水层上的杂物清理干净，并对防水层质量进行严格检查，有条件的应做蓄水试验，合格后才能铺设保护层。如采用刚性保护层，保护层与女儿墙之间预留 30mm 以上空隙并嵌填密封材料，为避免损坏防水层，保护层施工时应做好防水层的防护工作。施工人员应穿软底鞋，运输材料时必须在通道上铺设垫板、防护毡等保护。小推车往外倾倒砂浆或混凝土时，应在其前面放上垫木或木板进行保护，以免小推车前端损坏防水层。在防水层上架设梯子、立杆时，应在底端铺设垫板或橡胶板等。防水层上需堆放保护层材料或施工机具时，也应铺垫木板、铁板等，以防戳破防水层。保护层施工前还应准备好所需的施工机具，备足保护层材料。

（1）水泥砂浆保护层施工：水泥砂浆保护层与防水层之间也应设置隔离层。保护层用的水泥砂浆的配合比一般为水泥：砂＝1：(2.5～3)（体积比）。保护层施工前，应根据结构情况每隔 4～6m 用木模设置纵横分格缝。铺设水泥砂浆时，应随铺随拍实，并用刮尺找平，随即用直径为 8～10mm 的钢筋或麻绳压出表面分格缝，间距为 1～1.5m。终凝前用铁抹子压光保护层。保护层表面应平整，不能出现抹子压的痕迹和凹凸不平的现象。排水坡度应符合设计要求。为保证立面水泥砂浆保护层粘结牢固、不空鼓，在立面防水层涂刷最后一遍涂料时，边涂布边撒细砂，同时用软质胶辊轻轻滚压使砂粒牢固地粘结在涂层上。

（2）板块保护层施工：预制板块保护层的结合层可采用砂或水泥砂浆。板块铺砌前应根据排水坡度挂线，以满足排水要求，保证铺砌的块体横平竖直。在砂结合层上铺砌块体时，砂结合层应洒水压实，并用刮尺刮平，以满足块体铺设的平整度要求。块体应对接铺砌，缝隙宽度一般为 10mm 左右。块体铺砌完成后，应适当洒水并轻轻拍平压实，以免产生翘角现象。板缝先用砂填至一半的高度，然后用 1：2 水泥砂浆勾成凹缝。为防止砂子流失，在保护层四周 500mm 范围内，应改用低强度等级水泥砂浆做结合层。

（3）细石混凝土保护层施工：细石混凝土保护层施工前，也应在防水层上铺设一层隔离层，并按设计要求支设好分格缝的木模或聚苯泡沫条，设计无要求时，每格面积不大于 36m²，分格缝宽度为 20mm。一个分格内的混凝土应尽可能连续浇筑，不留施工缝。振捣宜采用铁辊滚压或人工拍实，不宜采用机械振捣，以免破坏防水层。振实后随即用刮尺按排水坡度刮平，并在初凝前用木抹子抹平，初凝后及时取出分格缝木模（泡沫条可不取出），终凝前用铁抹子压光。抹平压光时不宜在表面掺加水泥浆或干灰，否则表层砂浆易产生裂缝与剥落现象。采用配筋细石混凝土保护层时，钢筋网片的位置设置在保护层中间偏上部位，在铺设钢筋网片时用砂浆垫块支垫。细石混凝土保护层浇筑完后应及时进行养护，养护时间不应少于 7d。养护完后，将分格缝清理干净（割去泡沫条上部 10mm），嵌填密封材料。

（4）涂膜防水涂料施工注意事项：1）一旦发现涂膜防水层的基层出现由强度不足引起的裂缝应立刻进行修补，凹凸处也应修理平整。基层干燥程度仍符合所用防水涂料的要求方可施工。2）配料要准确，搅拌要充分、均匀。双组分防水涂料操作时必须做到各组分的容器、搅拌棒、取料勺等不得混用，以免产生凝胶。3）节点的密封处理、附加增强层的施工应达到要求。4）控制胎体增强材料铺设的时机、位置，铺设时要做到平整、无折皱、无翘边、搭接准确；胎体增强材料上面涂刷涂料时，涂料应浸透胎体，覆盖完全，不得有胎体外露现象。5）严格控制防水涂膜层的厚度和分遍涂刷厚度及间隔时间。涂刷应厚薄均匀、表面平整。6）防水涂料施工后，应尽快进行保护层施工。

4.7.7　屋面涂膜防水工程质量要求和验收

（1）施工单位对待验收的屋面涂膜防水层的厚度、观感质量及屋面渗漏、积水和排水系统质量进行了自检，并且自检合格。屋面涂膜防水层分项工程的施工质量检验数量、检验批的抽查数量按屋面面积每 100m² 抽查一处，每处 10m²，且不得少于 3 处；接缝密封防水，每 50m 应抽查一处，每处 5m，且不得少于 3 处；细部构造根据分项工程的内容，应全部进行检查；重点检查涂膜厚度、有无翘边、折皱及搭接宽度和细部处理。当屋面涂膜防水层被其他工序覆盖时，应对找平层质量须进行隐蔽验收。找平层质量须符合设计及规范的规定和要求。

（2）屋面涂膜防水层检验批质量由专业监理工程师组织施工单位项目专业质量检查员等进行验收，并由项目专业质量检查员按屋面涂膜防水层检验批质量验收表的要求做好验收记录。

（3）涂膜防水屋面施工属高空、高温作业，且部分材料含少量挥发性有毒物质，因此必须采取有效措施防止发生火灾、中毒、烫伤等工伤事故。防水涂料多为易燃易爆产品，在仓库、工地现场存放及在运输过程中应严禁烟火、高温和暴晒。施工人员不得踩踏未固化的防水涂膜，以防滑倒跌落。熬制涂料时应注意控制加热容器的容量和温度，防止"溢锅"和烫伤操作人员。操作时应注意风向，防止下风向操作人员中毒、受伤；在通风不良的部位进行含有挥发性有毒物质的涂料施工时，宜采取人工通风措施。施工现场应有禁烟火标志，并配备足够的灭火器具。

（4）涂膜防水屋面不得有渗漏和积水现象。所用的防水涂料、胎体增强材料、配套进行密封处理的密封材料及复合使用的卷材和其他材料应有产品合格证书和性能检测报告，材料的品种、规格、性能等必须符合现行国家产品标准和设计要求。材料进场后，应按有关规范的规定进行抽样复验，并提出试验报告；不合格的材料，不得在屋面工程中使用。屋面坡度必须准确，找平层平整度不得超过 5mm，不得有酥松、起砂、起皮等现象，出现裂缝应做修补。

（5）找平层的水泥砂浆配合比、细石混凝土的强度等级及厚度应符合设计要求。基层应平整、干净、干燥。水落口杯和伸出屋面的管道应与基层固定牢固，密封严密。各节点做法应符合设计要求，附加层设置正确，节点封固严密，不得开缝翘边。防水层与基层应粘结牢固，不得有裂纹、脱皮、流淌、鼓泡、露胎体和皱皮等现象，厚度应符合设计要求。涂膜防水层施工前，应仔细检查找平层质量，如找平层存在质量问题，应及时进行修补并进行再次验收，合格后才能进行下道工序施工。细部节点及附加增强层应严格按设计要求设置和施工，完成后应按设计的节点做法进行检查验收，构造和施工质量均应达到设计和《屋面工程质量验收规范》GB 50207—2002 的要求。

（6）每遍防水层涂布完成后均应进行严格的质量检查，对出现的质量问题应及时进行修补，合格后方可进行下一遍防水层的涂布。涂膜防水层完成后，应进行淋水、蓄水检验，并进行表观质量的检查，合格后再进行保护层的施工。保护层施工时应有成品保护措施，保护层的施工质量应达到有关规定的要求。

4.7.8 屋面涂膜防水工程质量通病与防治措施

（1）涂膜起泡

原因：基层潮湿、含水率大。

防治措施：基层干燥后（含水率 2‰～5‰）再在其上涂刷防水涂膜。见图 4-143。

施工时应涂刷均匀，基层清理干净。

图 4-143　涂膜鼓泡、脱落

（2）涂膜防水层产生裂缝

原因：找平层未设置分格缝；找平层分格缝未增设空铺附加层；水落口、泛水等节点处未做密封处理且未做附加增强处理；涂膜一次涂成太厚。

防治措施：严格按规定正确留置分格缝，并对分格缝嵌填密封材料，加铺附加层；在水落口、泛水等与屋面交接处，做密封处理，并做胎体增强材料加层；分次涂刷，且待先涂的涂层干燥后再涂刷后一遍涂料。见图 4-144。

（3）胎体增强材料外露

原因：胎体增强材料铺贴不平整；表层涂料过薄。

防治措施：胎体增强材料应边涂边铺，且刮平，保证胎体增强材料被涂料浸透；最上层涂料不应少于两遍，使胎体增强材料完全覆盖。

图 4-144　涂膜裂缝、龟裂

（4）涂膜防水层短期内老化，失去防水效果

原因：涂膜防水层厚度未达到要求；涂膜防水层未做保护层或保护层施工不当。

防治措施：高聚物改性沥青防水涂膜厚度不应小于 3mm，合成高分子防水涂膜厚度不应小于 2mm；应根据设计要求及涂料的特性确定保护层；在刮最后一遍涂料时，应边涂边将材料撒布均匀，不得露底，在涂料干燥后，及时将多余的撒布材料清除。

（5）防水涂料成膜后膜片强度差，表面呈蜂窝麻面、橘皮状、泛白

主要原因：聚氨酯防水涂料在施工时空气太潮湿或是涂料未实干就被淋雨，稀释剂添加量过大等；水乳型防水涂料施工时基面有积水、涂膜表干前淋雨（表面会出现泛白、凹凸不平的麻面）、实干前淋雨（表面会出现泛白）等。若出现以上情况都会影响涂膜早期强度和综合性能。见图 4-145。

防治措施：禁止雨天施工，施工前基面不能有明水，施工后的涂层尽量避免在实干前淋雨（若遇下雨必须防护），保持施工现场的通风，必要时可采用鼓风设备进行通风。

（6）涂膜分层

原因：涂料干燥后表面太光滑、涂膜自身强度与后期施工材料强度差异较大，都会降低固化后的涂膜与后期施工材料的粘结性，导致涂膜分层。见图 4-146。

防治措施：上一遍涂膜实干后及时施工第二遍，间隔不得超过 24h；如必须要在涂膜干燥较长时间后再施工，应将早期完工的涂膜表面拉毛

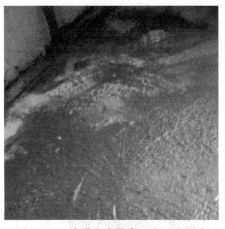

图 4-145　涂膜防水蜂窝、麻面和泛白

后再施工后一遍防水涂膜。将强度较高的基层表面做轻微的拉毛处理，增加基层表面的粗糙度，即可改善涂膜与基层的粘结性。

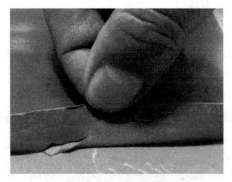

图 4-146　涂膜分层

注：重点检查基层清理，严禁涂膜防水一次成活。

图 4-147　涂膜产生气孔、沙眼

（7）涂膜产生气孔或沙眼

原因：水乳型防水涂料施工时，基面太干燥或有浮灰，一次涂膜太厚或气温太高而基层收水太快导致涂层干燥过快，涂层表面迅速结膜，基层内气体逐步逸出，将会导致涂膜产生气孔或沙眼。见图 4-147。

防止措施：基层浮灰必须清理干净，水乳型防水涂料施工前充分湿润基层但不能有明水，防水涂料涂刷前最好先做一遍基层处理；对于黏度大的产品可根据生产厂提供的方案先使用基层处理剂再涂刷，而且必须薄涂多遍。

材料是基础，施工是关键。除了要选择信誉好、质量有保证的生产厂家和性价比较高的材料外，还应择优选择专业的防水施工队，按照防水材料施工操作规程和工程技术规范

要求进行严格施工，才能保证良好的工程质量，建筑物防水工程对施工队伍的专业性、技术性要求较高。具有相关防水专业知识，经过严格培训上岗的施工团队是防水工程质量的保障。防水工程实施完后，对成品的及时保护以及专业的养护，能使防水材料充分发挥其各项性能。一种结束也意味着另一种开始。防水工程的顺利实施与完成，是防水工程维护的开始，也是建筑物使用寿命的分娩期。专业而精湛的防水知识与技术在这时也突显出它难以替代的价值。整体工程的潜在价值，更确切地说建筑物寿命的长短在一定程度上就取决于后期专业的维护是否及时有效。

4.8 刚性防水屋面

4.8.1 刚性防水屋面作业条件

刚性防水屋面常采用普通细石混凝土防水屋面，依靠混凝土自身的实密性和憎水性达到防水的目的。刚性防水屋面适用于防水等级为Ⅰ、Ⅱ级的屋面防水，不能用于设有松散材料保温层的屋面、受较大振动或冲击的屋面和坡度大于15%的屋面。见图4-148。

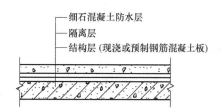

图 4-148　刚性防水屋面做法

刚性防水屋面作业条件：（1）现浇整体式钢筋混凝土屋面，结构层表面应平整、坚实，必须进行蓄水试验，当发现有裂缝、渗漏等缺陷时，必须进行封闭和防锈处理。（2）预制钢筋混凝土屋面板不得有外部损伤和缺陷，凡有局部轻微缺陷者，应在吊装前修补好；预制板应安装平稳，板缝应大小一致，板缝宽度上口不小于30mm，下口不小于20mm；对于上窄下宽或宽度大于50mm的板缝，应加设构造钢筋；相邻板面高差不大于100mm。（3）采用细石混凝土灌缝时，应在灌缝前清理板缝，并刷水泥素灰，用钢丝吊托底模，分次浇筑水泥砂浆和细石混凝土。混凝土应浇捣密实，不得有蜂窝麻面等缺陷，高度应与板面平齐。（4）所有出屋面的管道、设备或预埋件均应安装完毕，检验合格，并做好防水处理。（5）找平层应平整、压实、抹光，使其具有一定的防水能力。（6）细石混凝土防水层宜在5～30℃下施工，应避免在0℃以下或烈日暴晒下施工。见图4-149～图4-152。

图 4-149　出屋面管道封堵（一）

图 4-150　出屋面管道封堵（二）

图 4-151　出屋面管道封堵（三）　　　　图 4-152　刚性屋面未按要求进行封堵

4.8.2　刚性防水屋面施工

刚性防水屋面施工流程：清理基层→找坡→做找平层→做隔离层→弹分格缝线→安装分格缝木条、支边模板→绑扎防水层钢筋网片→浇筑细石混凝土→养护→分格缝、变形缝等细部构造密封处理。

刚性防水屋面施工要点：

1. 基层处理

（1）刚性防水层的基层宜为整体现浇钢筋混凝土板或找平层，应为结构找坡或找平层找坡，此时为了缓解基层变形对刚性防水层的影响，在基层与防水层之间设隔离层。

（2）基层为装配式钢筋混凝土板时，板端缝应先嵌填密封材料处理。

（3）刚性防水层的基层为保温屋面时，保温层可兼作隔离层，但保温层必须干燥。

（4）基层为柔性防水层时，应加设一道无纺布作隔离层。

2. 隔离层

（1）在细石混凝土防水层与基层之间设置隔离层，依据设计可采用干铺无纺布、塑料薄膜或者低强度等级的砂浆，施工时避免钢筋破坏防水层，必要时可在防水层上做砂浆保护层。

（2）采用低强度等级砂浆的隔离层表面应压光，施工后的隔离层表面应平整光洁，厚薄一致，并具有一定的强度。在浇筑细石混凝土前，应做好隔离层成品保护工作，不能踩踏破坏，待隔离层干燥并具有一定的强度后，细石混凝土防水层方可施工。

3. 设置分格缝

细石混凝土防水层的分格缝，应设在变形较大和较易变形的屋面板的支承端、屋面转折处、防水层与凸出屋面结构的交接处，并应与板缝对齐，其纵横间距应控制在 6m 以内。

4. 粘贴安放分格缝木条

（1）分格缝的宽度应不大于 40mm，且不小于 10mm，如接缝太宽，应进行调整或用聚合物水泥砂浆处理。

（2）按分格缝的宽度和防水层的厚度加工或选用分格木条。木条应质地坚硬、规格正确，为方便拆除应做成上大下小的楔形，使用前在水中浸透，涂刷隔离剂。

（3）采用水泥素灰或水泥砂浆固定于弹线位置，要求尺寸、位置正确。

（4）为便于拆除，分格缝镶嵌材料也可以使用聚苯板或定型聚氯乙烯塑料分格条，底部用水泥砂浆固定在弹线位置。

5. 绑扎钢筋网片

（1）钢筋网片可采用 $\phi 4 \sim 6$ 冷拔低碳钢丝，间距为 $100 \sim 200mm$ 的绑扎或点焊的双向钢筋网片。钢筋网片应放在防水层上部，绑扎钢丝收口应向下弯，不得露出防水层表面。钢筋的保护层厚度不应小于 $100mm$，钢丝必须调直。

（2）钢筋网片要保证位置的正确性并且必须在分格缝处断开，可采用如下方法施工：将分格缝木条开槽、穿筋，使冷拔钢丝调直拉伸并固定在屋面周边设置的临时支座上，待混凝土浇筑完毕，强度达到 50% 时，取出木条，剪断分格缝处的钢丝，然后拆除支座。见图 4-153、图 4-154。

图 4-153　屋面刚性防水未设置分格缝

6. 浇筑细石混凝土

（1）混凝土浇筑应按照由远及近、先高后低的原则进行。在每个分格内，混凝土应连续浇筑，不得留施工缝，混凝土要铺平铺匀，用高频平板振动器振捣或用滚筒碾压，保证达到密实程度，振捣或碾压泛浆后，用木抹子拍实抹平。

（2）待混凝土收水初凝后（大约 10h），起出木条，避免破坏分格缝，用铁抹子进行第一次抹压，混凝土终凝前进行第二次抹压，使混凝土表面平整、光滑、无抹痕。抹压时严禁在表面洒水、加干水泥或水泥浆。养护：细石混凝土终凝后（12～24h）应养护，养护时间不应少于 14d，养护初期禁止上人。养护方法可采用洒水湿润，也可采用喷涂养护剂、覆盖塑料薄膜或锯末等方法，必须保证细石混凝土处于充分的湿润状态。

7. 分格缝、变形缝等细部构造的密封防水处理

（1）屋面刚性防水层与山墙、女儿墙等所有竖向结构及设备基础、管道等凸出屋面结构交接处都应断开，留出 30mm 的间隙，并用密封材料嵌填密封。见图 4-155～图 4-157。

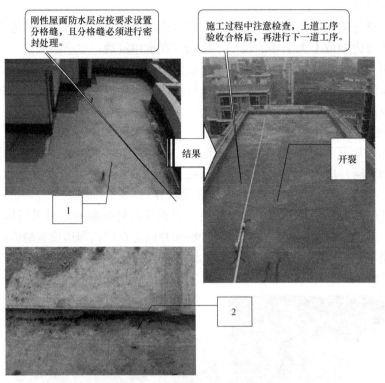

刚性屋面防水层应按要求设置分格缝，且分格缝必须进行密封处理。

施工过程中注意检查，上道工序验收合格后，再进行下一道工序。

结果

开裂

1

2

图 4-154　刚性屋面开裂及分格缝未进行密封处理

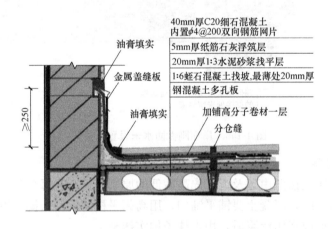

油膏填实

金属盖缝板

油膏填实

≥250

40mm厚C20细石混凝土
内置φ4@200双向钢筋网片

5mm厚纸筋石灰浮筑层

20mm厚1:3水泥砂浆找平层

1:6蛭石混凝土找坡，最薄处20mm厚

钢混凝土多孔板

加铺高分子卷材一层

分仓缝

图 4-155　刚性屋面细部防水示意图

在交接处和基层转角处应加设防水卷材，为了避免用水泥砂浆找平并抹成圆弧易造成粘结不牢、空鼓、开裂的现象，而采用与刚性防水层做法一致的细石混凝土（内设钢筋网片）在基层与竖向结构的交接处和基层的转角处找平并抹圆弧，同时为了有利于卷材铺贴，圆弧半径宜大于 100mm 且小于 150mm。竖向卷材收头固定密封于立墙凹槽或女儿墙压顶内，屋面卷材收头应用密封材料封闭。

（2）细石混凝土防水层应伸到挑檐或伸入天沟、檐沟内不小于 60mm，并做滴水线。见图 4-158～图 4-160。

图 4-156 刚性屋面细部构造

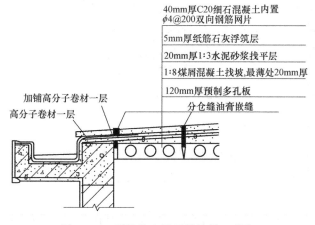

40mm厚C20细石混凝土内置
φ4@200双向钢筋网片
5mm厚纸筋石灰浮筑层
20mm厚1:3水泥砂浆找平层
1:8煤屑混凝土找坡,最薄处20mm厚
120mm厚预制多孔板
加铺高分子卷材一层
高分子卷材一层
分仓缝油膏嵌缝

图 4-157　刚性防水屋面挑檐檐口节点
注：收头处必须采用密封材料进行封堵。

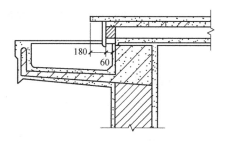

图 4-158　刚性防水屋面细部示意图

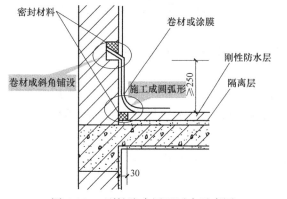

密封材料
卷材或涂膜
刚性防水层
卷材成斜角铺设
施工成圆弧形
隔离层

图 4-159　刚性防水屋面泛水示意图

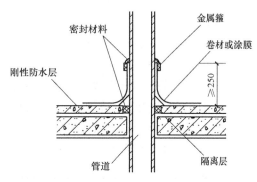

金属箍
密封材料
卷材或涂膜
刚性防水层
管道
隔离层

图 4-160　刚性防水屋面出屋面管道示意图

（3）应先对分格缝、变形缝等防水部位的基层进行修补清理，去除灰尘杂物。铲除砂浆等残留物，使基层牢固、表面平整密实、干净干燥，方可进行密封处理。

（4）密封材料采用改性沥青密封材料或合成高分子密封材料等。嵌填密封材料时，应

135

先在分格缝侧壁及缝上口两边 150mm 范围内涂刷与密封材料材性相配套的基层处理剂。改性沥青密封材料基层处理剂现场配置，为保证其质量，应配比准确、搅拌均匀。多组分反应固化型材料，配置时应根据固化前的有效时间确定一次使用量，用多少配置多少，未用完的材料不得下次使用。

（5）基层处理剂应涂刷均匀，不露底。待基层处理剂表面干燥后，应立即嵌填密封材料。密封材料的接缝深度为接缝宽度的 0.5～0.7 倍，接缝处的底部应填放与基层处理剂不相容的背衬材料，如泡沫棒或油毡条。

当采用改性石油沥青密封材料嵌填时应注意以下事项：

（1）热灌法施工应由下向上进行，尽量减少接头，垂直于屋脊的板缝宜先浇灌，同时在纵横交叉处宜沿平行于屋脊的两侧板缝各延伸浇灌 150mm，并留成斜槎。见图 4-161。

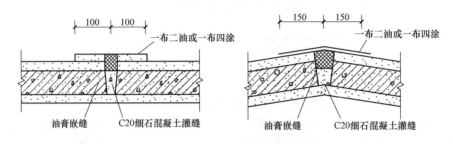

图 4-161　刚性防水分格缝封堵示意图

（2）冷嵌法施工应先将少量密封材料批刮到缝槽两侧，分次将密封材料嵌填在缝内，用力压嵌密实，嵌填时密封材料与缝壁不得留有空隙，并防止裹入空气，接头应采用斜槎。

（3）采用合成高分子密封材料嵌填时，不管是用挤出枪还是用腻子刀施工，表面都不会光滑平直，可能还会出现凹陷、漏嵌填、孔洞、气泡等现象，故应在密封材料表干前进行修整。

（4）密封材料嵌填应饱满、无间隙、无气泡，密封材料表面呈凹状，中部比周围低 3～5mm。

（5）嵌填完毕的密封材料应进行保护，不得碰损及污染，固化前不得踩踏，可采用卷材或木板进行保护。

（6）女儿墙根部转角做法：首先在女儿墙根部结构层做一道柔性防水层，再用细石混凝土做成圆弧形转角，细石混凝土圆弧形转角面层做柔性防水层与屋面大面积柔性防水层相连，最后用聚合物砂浆做保护层。

（7）变形缝中间应填充泡沫塑料，其上放置衬垫材料，并用卷材封盖，顶部应加混凝土盖板或金属盖板。

4.8.3　刚性防水屋面质量通病与防治措施

（1）防水层出现裂缝

原因：使用了不合格的原材料；混凝土刚性防水层厚度不够，造成防水层易被拉裂；由于混凝土内部的水泥水化反应，导致水化热较高，造成内外温差过大引起胀缩不均而开裂，或者由于外部气温的变化而引起收缩性结构裂缝；施工时不按规定留置分格缝。

防治措施：施工所用材料必须符合设计要求；施工环境温度宜为5～35℃，避免低温和烈日暴晒；正确设置分格缝；在防水层下增设厚度为10～20mm的低强砂浆或一道卷材隔离层，以减轻因结构变形对其产生的不利影响。

（2）防水层局部出现空鼓，嵌缝密封件与裂缝粘结不牢

原因：基层清理不干净，使防水层与基层粘结不牢；缝裂不干净，在未干燥状况下施工。

防治措施：将基层清理干净，并刷水泥素浆，加强其与基层的粘结能力；将分格缝清理干净，基层潮湿或雾天及空气湿度过大时不得施工，避免在0℃以下或烈日下施工，施工环境温度宜为5～35℃；嵌缝材料选用粘结性大、韧性好且抗老化的品种。

（3）刚性防水层表面收缩龟裂、脱皮

原因：刚性防水层施工时，在表面洒水、加铺水泥浆或撒干水泥。

防治措施：混凝土搅拌时间不少于2min，浇筑混凝土要振捣密实；根据气温掌握好压光时间，混凝土收水时进行二次压光，压光时不得在表面洒水、加铺水泥浆或撒干水泥，压实抹平。

4.9 瓦屋面防水施工

油毡瓦施工工艺说明：屋面基层找平应严格按照规程操作，不得出现空鼓、起壳等现象，找平宜用铁板压平，脊与脊表面平整度应控制在10mm以内，油毡瓦铺钉前找平层应符合干燥及强度要求。屋面阴、阳角线应保持顺直，所有屋面阴、阳屋脊线处均应做成圆弧状，并保持平滑。屋面卷材防水层铺贴应平整牢固，无起鼓脱开现象，搭接符合规范要求。屋面防水施工完成后，应将$\phi6@1500～2000$网点式钢筋植入钢筋混凝土内，要求植入钢筋与防水层交接处进行密封处理。见图4-162。

油毡瓦屋面与凸出屋面部分交接处均应做泛水处理，可沿屋面坡度做通长挡水线，并在挡水线下做鹰嘴。见图4-163。

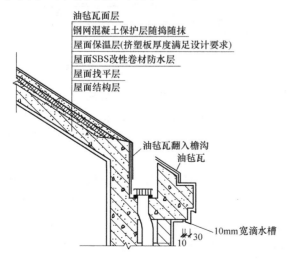

图4-162 油毡瓦屋面保温层施工节点

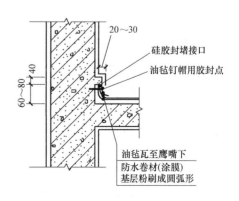

图4-163 油毡瓦屋面泛水节点

油毡瓦铺设前，应在屋面板面上弹线放样，如发现檐口与相应脊线不完全平行，则弹线放样时应均匀调整。油毡瓦铺钉应与基层紧贴，瓦面应平整，自檐口向上铺设，第一层应与檐口平行，油毡瓦应用油毡钉固定。铺设油毡瓦脊瓦时，脊瓦与脊瓦之间的搭盖应保证压盖后外露面为油毡瓦有效外露面。见图4-164、图4-165。

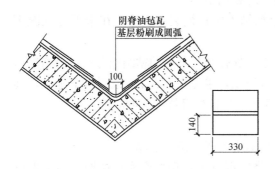

图4-164　油毡瓦屋面搭接做法（一）　　　　图4-165　油毡瓦屋面搭接做法（二）

当采用成品塑料檐沟时，油毡瓦宜挑出20～30mm，人字屋面出檐（如老虎窗部位）部位油毡瓦宜挑出10mm，油毡瓦与油毡瓦水平错缝搭盖时，错缝搭接水平长度不应小于200mm。第二层油毡瓦应与第一层叠合，切槽应向下并指向檐沟。第三层油毡瓦部分压在第二层油毡瓦上，并保证第二层露出切槽140mm，第三层及以上部分油毡瓦做法依此类推。见图4-166、图4-167。

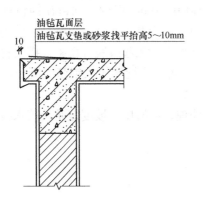

图4-166　油毡瓦屋面出檐节点

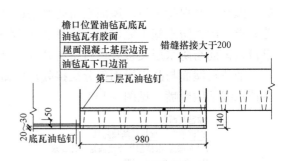

图4-167　油毡瓦屋面节点施工

油毡瓦所有固定用专用油毡钉必须钉平、钉牢。严禁钉帽外露在油毡瓦表面。每片油毡瓦不应少于4个油毡钉，当屋面坡度大于45°时应适当增加油毡钉数量。坡屋面伸缩缝铺油毡瓦时，基层找平时向缝两边高出屋面30mm斜面翻边，用防水油膏或保温板封堵伸缩缝后，粘贴SBS防水卷材，伸缩缝处铺油毡瓦脊瓦。见图4-168。

平板瓦屋面施工：施工工序依次为混凝土结构层→找平层→防水层→保温层→钢网细石混凝土保护层→顺水条→挂瓦条→水泥平板瓦。屋面基层找平层平整度不应超过20mm，施工时确保阴脊与阳脊、檐口与屋脊拉通线。基层找平层用铁板压光。防水层卷材铺贴自下而上竖向施工，卷材搭接须符合设计和规范要求，粘结牢固，无起鼓或脱开现象。钢网细石混凝土保护层与结构混凝土板采用钻孔植筋工艺连接，植筋钢筋与防水层结合处表面做密封处理，$\phi 6$ 植筋横、竖向间距为 1.5～2m。保温板与基层面结合可以用胶水掺水泥点粘。钢网细石混凝土采用 C20 混凝土，坍落度＜6cm，随捣随抹光，平整度不应超过 10mm。顺水条采用 40mm×10mm 杉木条，间距不大于 400mm，挂瓦条采用 30mm×30mm 杉木条，涂刷防水沥青做防腐处理，用镀锌钢钉固定在钢网细石混凝土上。当屋面坡度＞35°时，挂瓦条宜采用局部膨胀螺栓固定。见图 4-169、图 4-170。

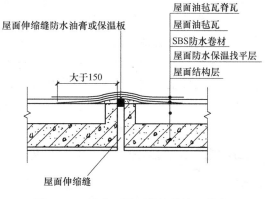

图 4-168 油毡瓦屋面伸缩缝施工节点

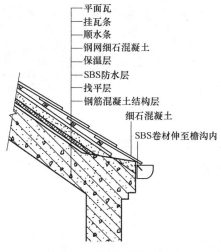

图 4-169 平板瓦施工工艺

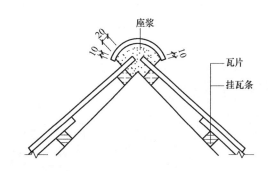

图 4-170 屋脊瓦构造节点

4.10 常见屋面工程质量通病实例展示

屋面防水是建筑工程中存在的质量通病，也是多年来一直未能很好解决的难题。目前，较多采用的是刚性及柔性防水两种做法。刚性防水由于温差应变，易开裂渗水；柔性防水多为沥青、油毡等有机材料，易老化，寿命短。近年来，虽然各种新型防水材料相继问世，但由于价格较高，缺乏施工经验，且耐久性还有待于进一步检验。因此，目前还是以采用较为廉价的材料为主。设计单位不重视防水设计，防水层的选材本该由设计人员严格按"规范"要求进行，这本是设计单位的责任与义务。但因不少设计人员不熟悉防水材料的品质，随意套用施工图集。建设单位干预防水设计，设计人员放弃自己的职责，将防水材料选材交由建设单位决定，从而导致设计阶段失去对建筑防水工程的质量控制。目前，防水材料市场仍处于鱼目混珠、良莠不齐、真假难辨、假冒伪劣产品屡禁不止的局面，且有进一步蔓延之势。特别是主导产品 SBS 改性沥青防水卷材受到的冲击最大。假冒伪劣产品以比正规产品低 60％以上的价格倾销，且市场占有率很大，使得正规的大中型企业难以为继。由于施工单位质量控制意识不强导致假冒伪劣防水材料泛滥，紧跟着的是将防水工程造价压得很低，使得正规的防水专业施工公司难以中标。最终这些工程就落到了无资质有挂靠关系的低素质包工队手中，以转包、违法分包的形式承接防水工程。这些包工队拿得出齐全的"合格"证明，通过大力功"关"，可以屡屡中标，然后大肆偷工减料，雇用农民工粗放作业。一旦发生渗漏，则用几桶涂料修修补补就可对付两年，所获利润仍可大于"损失"，对提高施工质量要求的只是一句空话。见图4-171～图4-187。

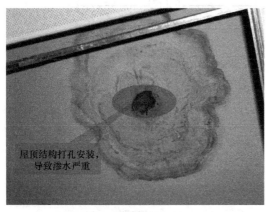

图 4-171　防水渗漏实例（一）

图 4-172　防水渗漏实例（二）

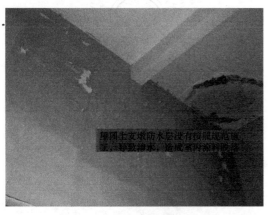

图 4-173　防水渗漏实例（三）

图 4-174　防水渗漏实例（四）

图 4-175　防水渗漏实例（五）

图 4-176　防水渗漏实例（六）

图 4-177　防水通病实例（一）

图 4-178　防水通病实例（二）

图 4-179　防水通病实例（三）

图 4-180　防水通病实例（四）

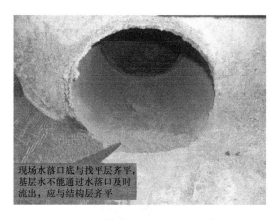

图 4-181　防水通病实例（五）

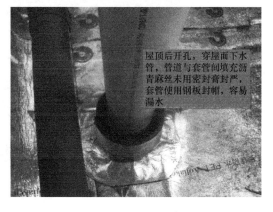

图 4-182　防水通病实例（六）

图 4-183 防水通病实例 (七)

图 4-184 防水通病实例 (八)

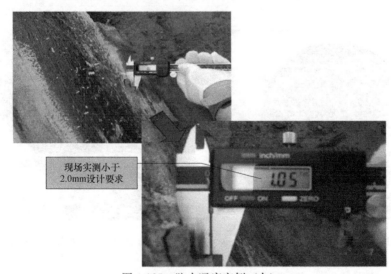

图 4-185 防水通病实例 (九)

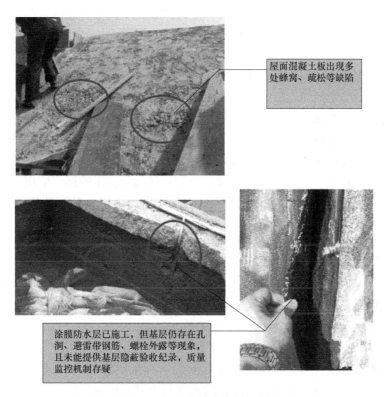

图 4-186　防水通病实例（十）

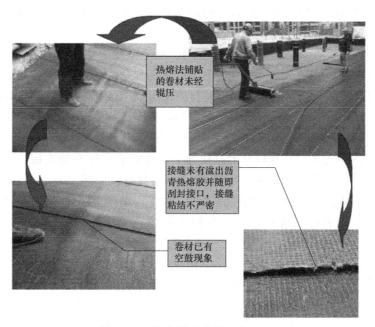

图 4-187　防水通病实例（十一）

　　综上所述，在施工过程中施工单位应严格按照屋面卷材防水工序施工，严格按照质量标准施工，做好屋面卷材防水层并不是一件难事。业主、监理、施工单位的管理人员在施工过程中要认真负责，保持高度的责任心，坚持严谨科学的工作态度，严格把关，认真做好每步工作，就可以大幅度减少施工造成的屋面防水问题。

4.11 屋面防水新材料和新工艺

多年来随着双面胶粘带、双缝焊、采用热熔型改性沥青胶的热粘法铺贴高聚物改性沥青防水卷材以及热熔型改性沥青防水涂料科学技术的不断发展，防水做法也有了很大改进。比如为了减少卷材起鼓与开裂，可采用空铺法、条（点）粘法、热熔法、冷粘法等措施。但上述方法与措施均有一定的局限性。如今，加大新技术的推广应用力度，推广应用高聚物改性沥青防水卷材和合成高分子防水卷材，增加使用自粘聚酯胎改性沥青防水卷材、自粘橡胶沥青防水卷材（无胎体）、聚合物水泥防水涂料、钢纤维混凝土防水层、泡沫玻璃保温材料、硬质聚氨酯及挤压和模压聚苯乙烯泡沫塑料、板状保温材料等新材料、新工艺、新技术；在找平层施工中，提倡采用细石混凝土和整体现浇混凝土随浇随抹、一次成型的新工艺。近几年新兴多种由特种水泥、高分子树脂聚合配制而成的防水材料，如高分子益胶泥材料、纳米无机硅盐防水材料等新材料。还出现了玻璃纤维油毡冷玛琋脂屋面防水施工技术、"CDL"屋面防水隔热技术等新技术。

1. 高弹硅丙纳米防水材料

高弹硅丙纳米防水材料是一种高弹性彩色高分子纳米防水材料，是以防水专用的自交联纯丙乳液、防水纳米复合硅丙胶、纳米抗渗材料为基础原料，配一定量的改性剂、活性剂、抗老化剂、助剂及颜填料科学加工而成，涂覆后可形成坚韧、粘结力很强的弹性防水膜，具有刚柔双效防水功能等。随着材料的发展，高弹硅丙纳米防水材料将会替代聚氨酯涂料、SBS 卷材、PVC 卷材等现用防水材料。

主要特点：（1）在楼顶、屋面、卫生间、地下室、彩钢瓦、石棉瓦、水泥屋面、池槽、阳台、白灰顶、玻璃、金属等基材上均可施工。（2）高弹硅丙纳米防水材料在干燥过程中，纳米复合硅丙胶会渗透于水泥等基材内部形成刚性防水层；而高弹丙烯酸胶与纳米防水材料会在水泥等基材上面形成柔性防水层，从而达到刚柔双效防水的目的。防水效果可提高 2 倍，最低使用寿命在 30 年以上。（3）可在旧的 SBS 卷材、PVC 卷材、聚氨酯涂料、沥青、JS 涂料等多种防水材料上直接施工，无需清除原有防水层。（4）涂层坚韧高强，耐水性、耐高低温性、抗老化性能优良，在紫外线、热、光、氧作用下性能稳定。（5）色彩鲜艳，具有反射功能，能起到隔热、保温作用和美化效果。（6）延伸性好，延伸可达 300 以上，抗裂性能优异，单组分施工简便、工期短、粘结力强，粘结强度可达1.0MPa 以上。（7）绿色环保、无毒无味，使用方便安全。

施工方法和施工工艺：可采用刷涂、滚涂、刮涂等方法。如屋面有 3mm 以上裂纹，应先用本品与滑石粉或其他粉料搅拌黏稠把缝隙填平，然后再使用本品施工，滚刷完第一遍时，立即贴上一层防水布（无纺布与玻璃纤维布均可，成本约 0.5 元/m²），等第一遍干燥后滚刷第二遍，第二遍干燥后滚刷第三遍，施工完毕用滚子或刷子涂覆，根据涂层厚度要求可涂刷 3～4 遍，每遍之间应间隔 3～6h。

2. "CDL"屋面防水隔热新技术

CDL 材料：（1）隔热防水粉：与雨水互不相溶，可自动填补裂缝，导热系数＜

0.083W/(m·K)；C15 机制吸水砖：规格 250mm×250mm×15mm，吸水率＞8％，抗压强度＞15MPa，抗折强度＞2.0MPa。(2) 隔离纸：优质八丝塑料薄膜；M5 砂浆找坡层：屋顶坡度≥2％。(3) 乳胶沥青：达到《ZBQ17001—1984》标准要求。

CDL 工艺：(1) 施工前将屋面杂物、建筑垃圾清理干净，保证屋面干净、平整、干燥、无积水；(2) 对屋面阴阳角及各种与屋面连接的管口用乳胶沥青进行预先处理；(3) 将隔热防水粉按 6～8mm 厚度均匀铺于屋面；(4) 将隔离纸满铺于隔热防水粉上；(5) 隔离纸面上浇灌 M5 找坡砂浆，并满足规范要求的屋面排水坡度；(6) 铺设 C15 机制吸水砖，并勾缝。CDL 技术将隔热防水粉、C15 机制吸水砖、隔离纸、M5 砂浆和乳胶沥青等材料有机组合，创建了集防水隔热功能为一体、坚固耐久、美观大方、绿色环保、经济适用的 CDL 隔热防水屋面，有效地解决了建筑物平屋顶屋面渗漏的质量通病。